なるほど！ マンガで楽しくわかる！ たのしい！

算数 つるかめ算

宮本算数教室主宰 **宮本哲也**・監修

池田書店

はじめに

　算数ができるようになるには、どんな力が必要だと思いますか？　算数が得意でない人は、速く計算できる力、たくさん公式を覚える暗記力がほしいと思うかもしれません。ですが、そうした力はあまり重要ではありません。算数ができるようになるには、「どうしたら解けるだろう？　こうしたらわかりやすいかな？」と自分の頭で順序立てて考える力が何よりも大切です。

　この本のマンガは、図を使って問題を解くコツを説明しています。図は、頭の中で考えたことを整理するのに役立ちます。また、図に表したとき、自分の考え方が正しいかどうかを、確認できます。マンガを読んだら、練習問題にも取り組みましょう。答えを見てわかったつもりになるのではなく、考えたことを自分の力で図に表すことがとても重要です。

　図は、解答ページのものとまったく同じでなくても、だいじょうぶです。問題の答えは1つですが、答えにたどりつくまでの考え方はさまざまです。いろいろな考え方を知ることで、より問題を深く理解できるようになるでしょう。

　この本を通して、深く考えて何度もチャレンジするおもしろさ、考えぬいてわかったときの達成感を感じてもらえることを願っています。

宮本算数教室主宰　**宮本哲也**

この本の使い方

マンガで図のかき方をわかりやすく解説！

各章のマンガには、図をかいて問題を解く方法を3ステップでまとめています。

- **ステップ1　内容を理解しよう！**　問題の内容を文章に整理します。
- **ステップ2　図に整理しよう！**　整理した文章を図にまとめる方法を解説します。
- **ステップ3　いっしょに解こう！**　図を使って問題を解く方法を解説します。

練習問題にチャレンジ！

各章末に、練習問題があります。方眼のスペースに図をかいて、答えを求めましょう。答えは巻末にあります。解き方は一例で、別の手順で解ける場合もあります。

図にまとめるときのヒント

例題　時速2000mの速さで1時間30分走ると何m進みますか？

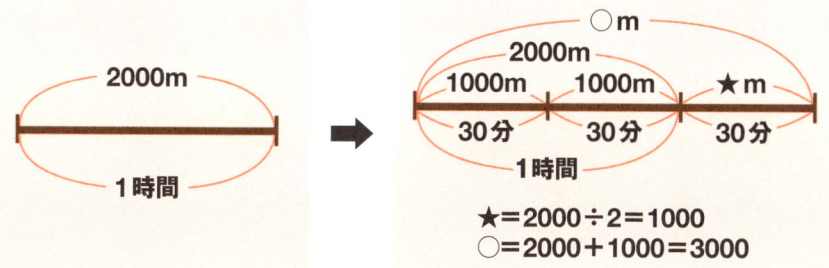

★＝2000÷2＝1000
○＝2000＋1000＝3000

問題を整理したら、まず線を引きます。その線が何を表すのか、わかるようにかきましょう。

わからない部分は、★や○、△など好きな記号に置きかえて考えましょう。

もくじ

はじめに ……………………………………………………… 2
この本の使い方 ……………………………………………… 3

第1章　和差算（わさざん） …………………………… 5
練習問題1〜3 ……………………………………… 17〜19

第2章　植木算（うえきざん） ………………………… 20
練習問題4〜6 ……………………………………… 32〜34

第3章　つるかめ算（ざん） …………………………… 35
練習問題7〜9 ……………………………………… 47〜49

第4章　分配算（ぶんぱいざん） ……………………… 50
練習問題10〜12 …………………………………… 62〜64

第5章　旅人算（たびびとざん） ……………………… 65
練習問題13〜15 …………………………………… 77〜79

第6章　流水算（りゅうすいざん） …………………… 80
練習問題16〜19 …………………………………… 92〜95

第7章　通過算（つうかざん） ………………………… 96
練習問題20〜23 ………………………………… 108〜111

第8章　仕事算（しごとざん） ………………………… 112
練習問題24〜27 ………………………………… 124〜127

第9章　濃度算（のうどざん） ………………………… 128
練習問題28〜31 ………………………………… 140〜143

答えのページ …………………………………………… 144〜159

第1章 和差算

和差算は、数の和（たし算の答え）と差（ひき算の答え）から、もとの数を求める問題だよ！

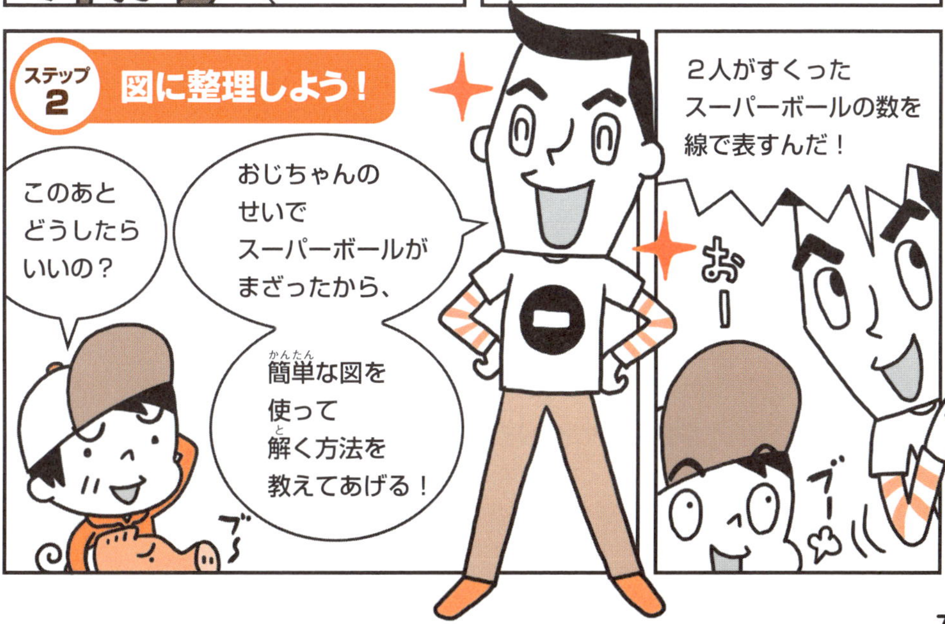

第1章　和差算

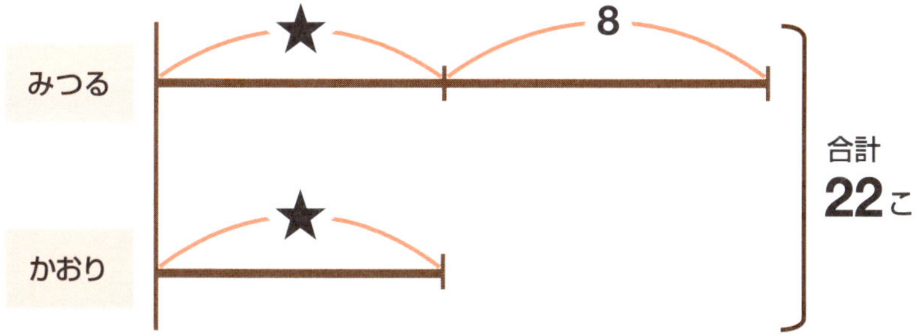

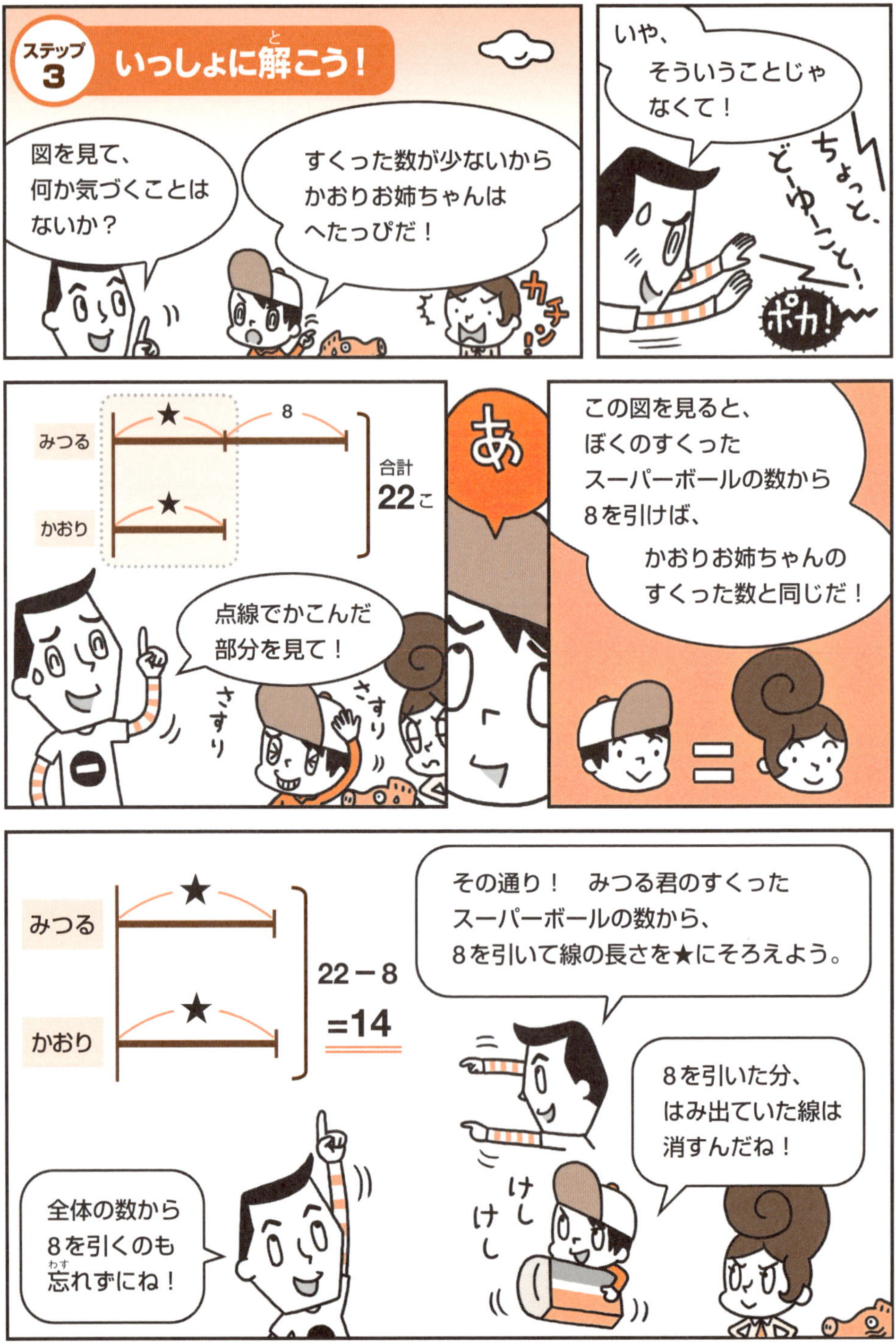

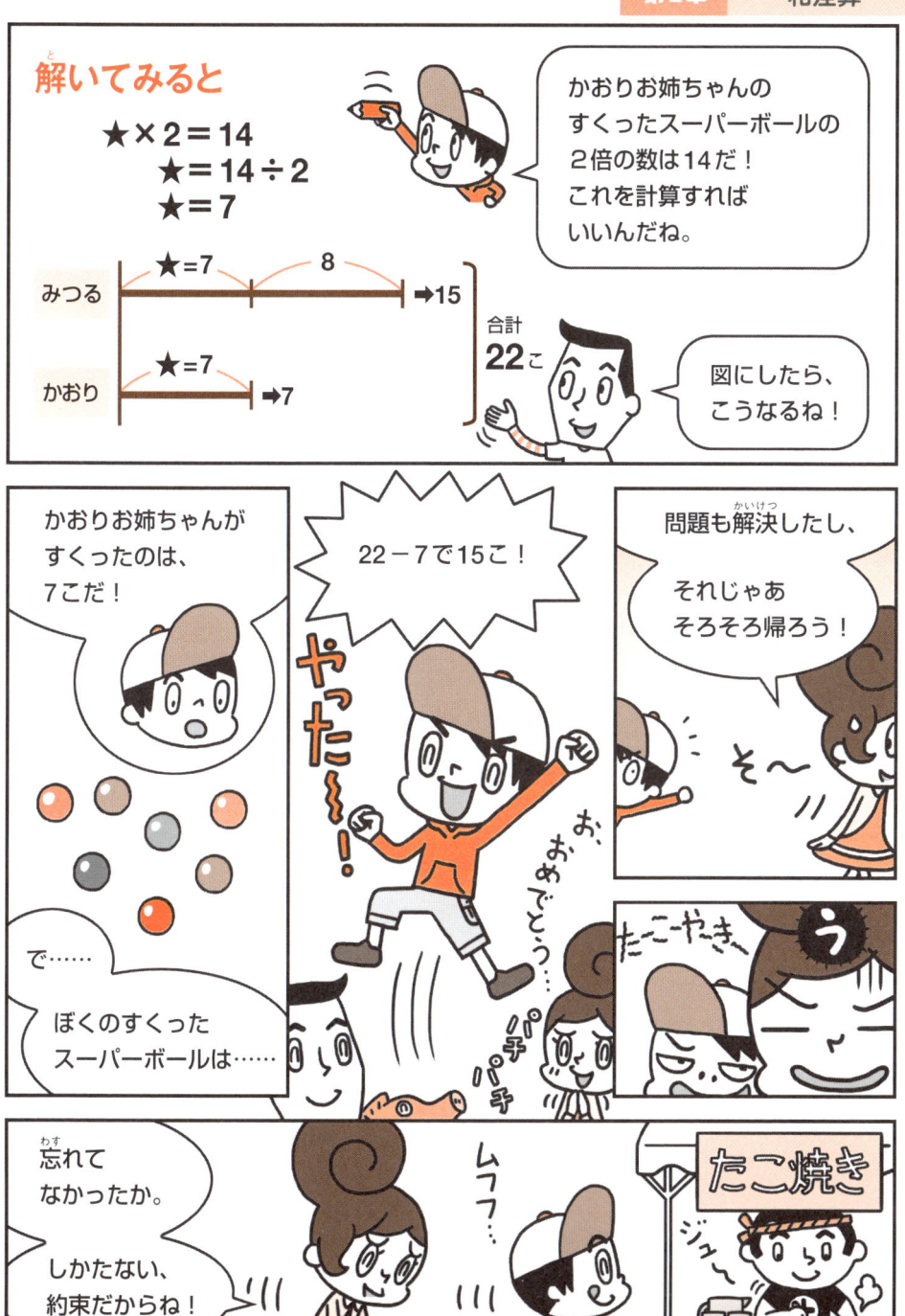

第1章　和差算

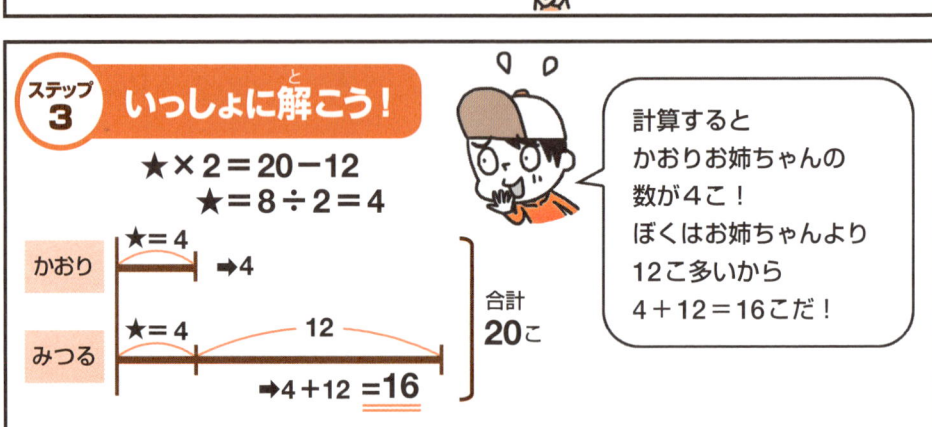

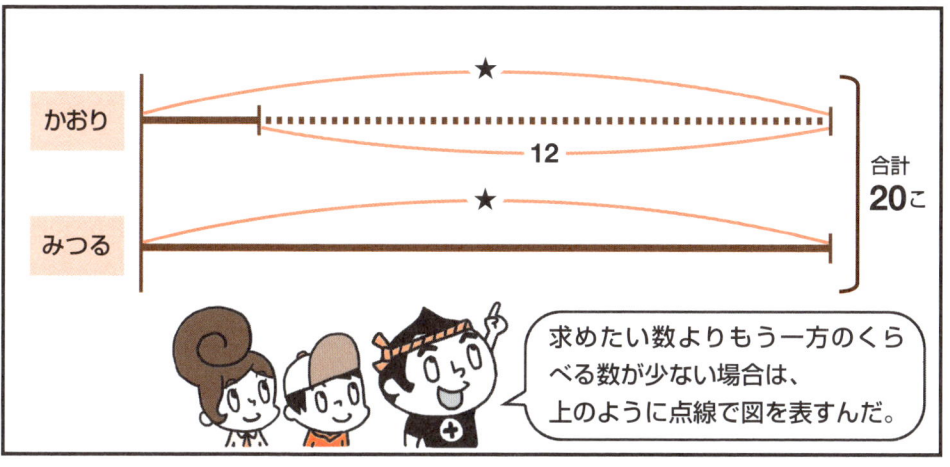

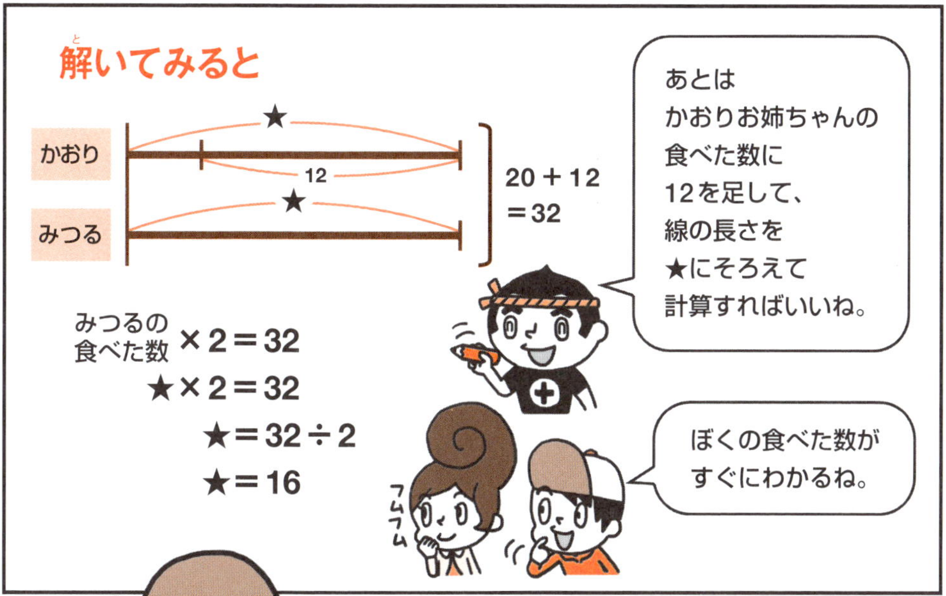

和差算を解く図のかき方

●項目をかく
何を図にして表したいのかを考えて、項目をかきます。

●合計した数をかく
合計した数を、問題文から読み解きます。

●求めたい数を★で表す
問題文を読んで、求めたい数が何かを整理します。

●もう1つの項目も★を使って、図に表す
数の大小を、線と★を使って表します。

第1章　和差算

練習問題 1

しろう君と弟は、年が4つはなれています。2人の年齢を合わせると、16歳になります。しろう君の弟は何歳でしょう。

—— 下のスペースに、図をかいて問題を解こう！ ——

答え

ヒント
しろう君と弟のうち、どちらの年齢を★に置きかえて、図に表せばよいかを考えよう。

→正解は 144 ページ

17

練習問題 2

1mの長さのひもを、てきとうなところで切って2本に分けたら、長さが20cmちがいました。長いほうのひもの長さは何cmでしょう。

―― 下のスペースに、図をかいて問題を解こう！ ――

答え

ひもの長さ1mをcmの単位にそろえてから、図に表そう。

→正解は144ページ

第1章 和差算

練習問題 3

2つの数、アとイがあります。ア＋イ＝82で、ア－イ＝14です。アとイはそれぞれいくつでしょう。

―― 下のスペースに、図をかいて問題を解こう！ ――

答え

2つの数の和と2つの数の差が何かを、問題文から読み取ろう。

→正解は 145 ページ

第2章 植木算(うえきざん)

一定の間かくで並(なら)んでいる植木や花などの本数、間かくの長さなどを求める問題だよ。

第2章 植木算

第2章 植木算

ステップ1 内容を理解しよう！

文章にすると

横はばが10mある花だんに、両端をのぞいて、50cmの間かくで花の苗を1列に植えていきます。花の苗は、全部で何こ必要でしょうか？

ステップ2 図に整理しよう！

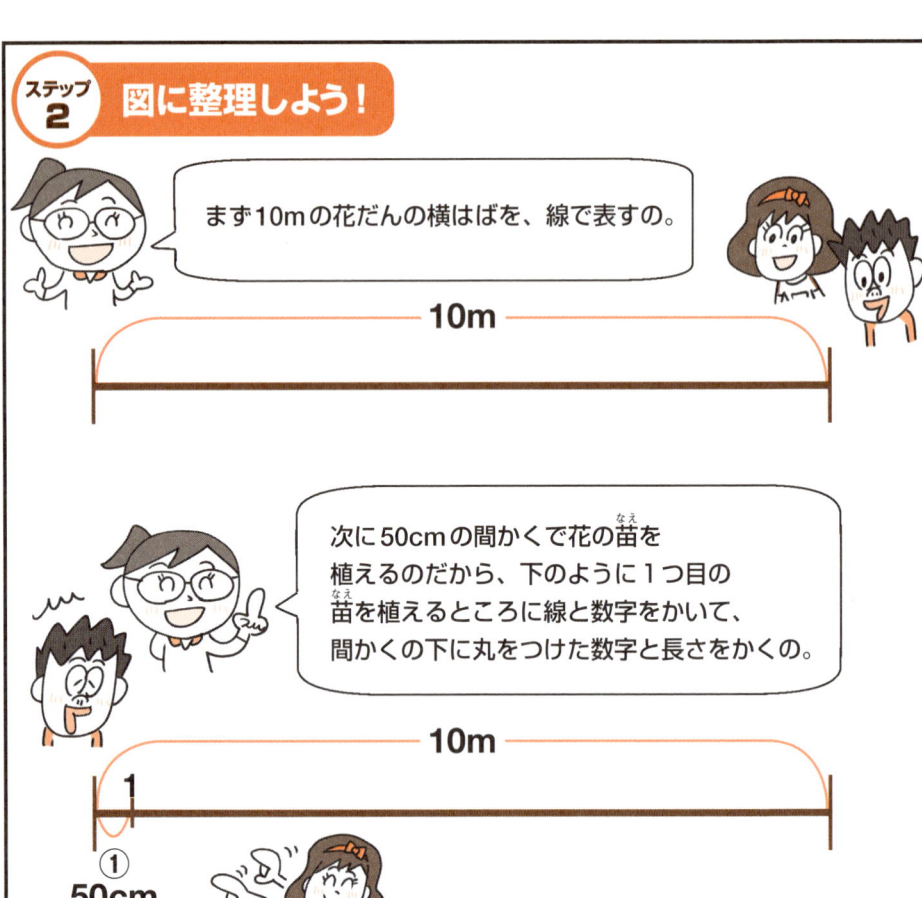

まず10mの花だんの横はばを、線で表すの。

|← 10m →|

次に50cmの間かくで花の苗を植えるのだから、下のように1つ目の苗を植えるところに線と数字をかいて、間かくの下に丸をつけた数字と長さをかくの。

|← 10m →|
1
①
50cm

10mの花だんを50cmの間かくで区切ろう！
間かくの数がわかれば苗の数もわかりそうね！

なんだ、簡単じゃん！
10÷50＝0.2
間かくの数は0.2こ！

あれ？
0.2こってなんだ？

単位をそろえて計算すると、1000 ÷ 50 ＝ 20 ね！

図に整理すると

1000 cm
50 cm
間かくの数 20 こ

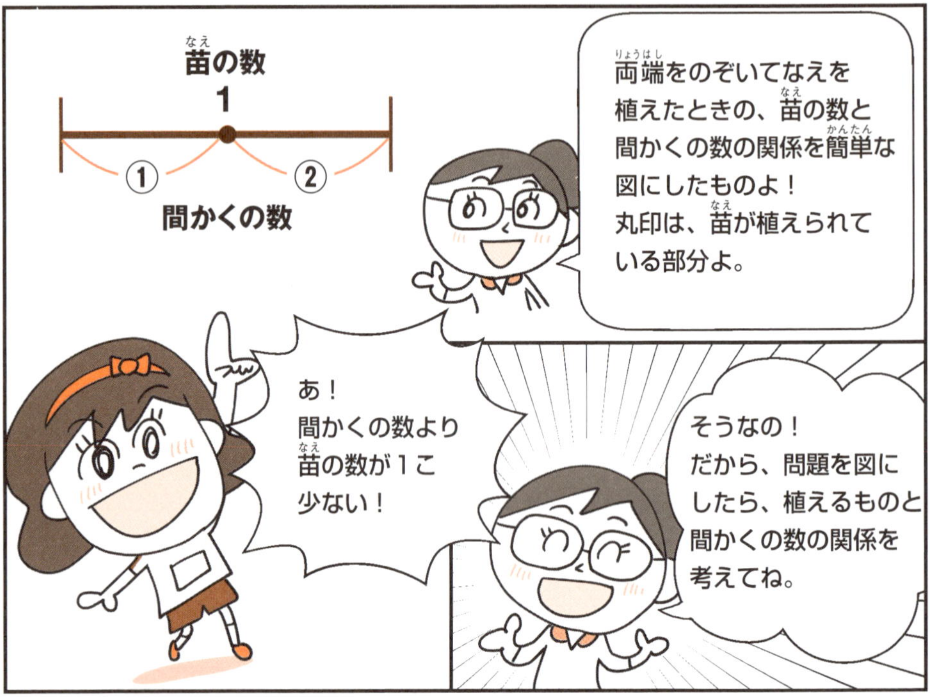

第2章　植木算(うえきざん)

ステップ1　内容を理解しよう！

文章にすると

奥(おく)ゆきが1m、はばが10mの花だんの周囲に50cm間かくでくいを立てます。花だんの四すみには、くいが立つようにします。くいは、全部で何本必要でしょう？

ステップ2　図に整理しよう！

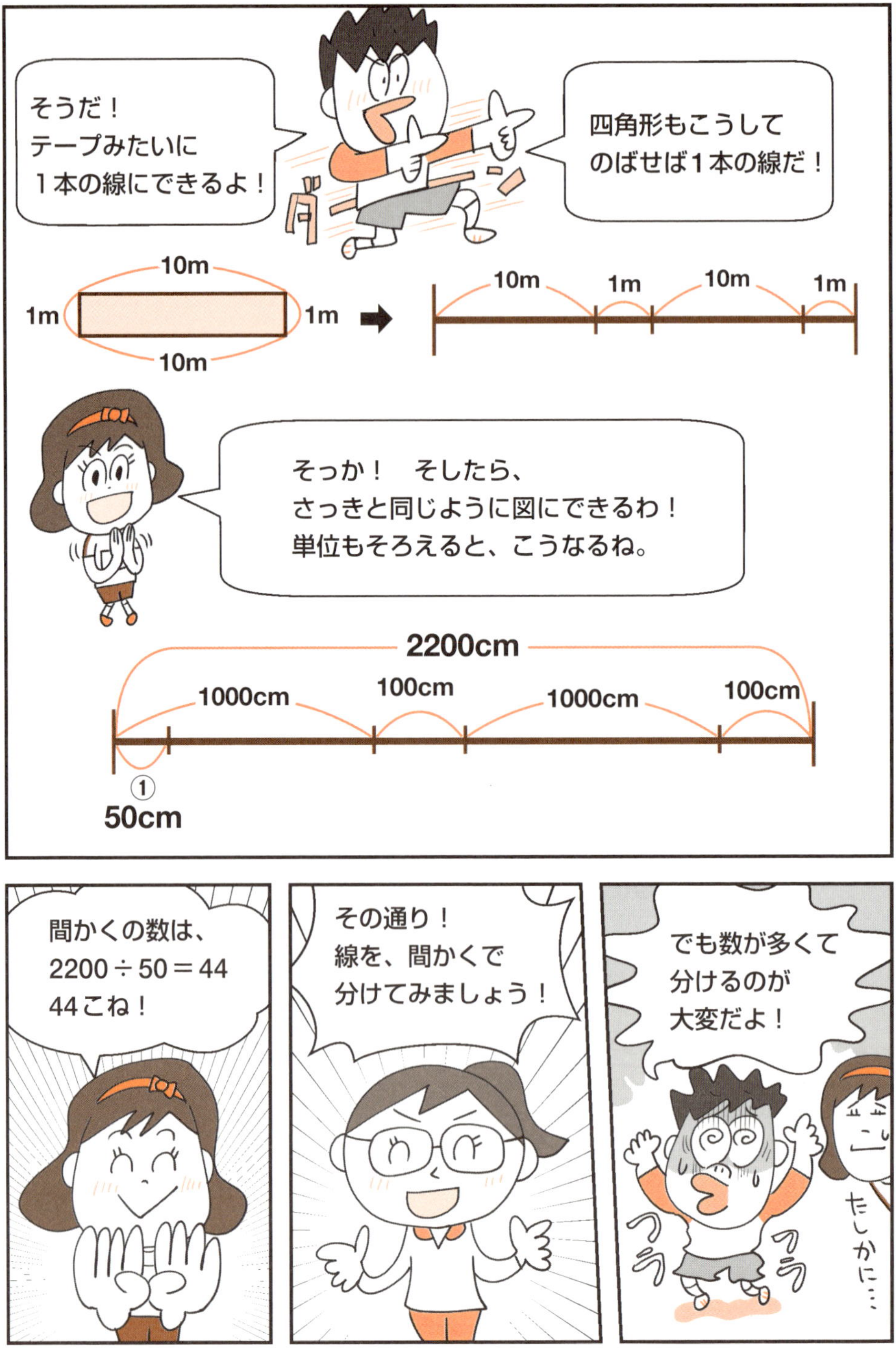

そうだ！
テープみたいに
１本の線にできるよ！

四角形もこうして
のばせば１本の線だ！

そっか！　そしたら、
さっきと同じように図にできるわ！
単位もそろえると、こうなるね。

①
50cm

間かくの数は、
2200÷50＝44
44こね！

その通り！
線を、間かくで
分けてみましょう！

でも数が多くて
分けるのが
大変だよ！

たしかに…

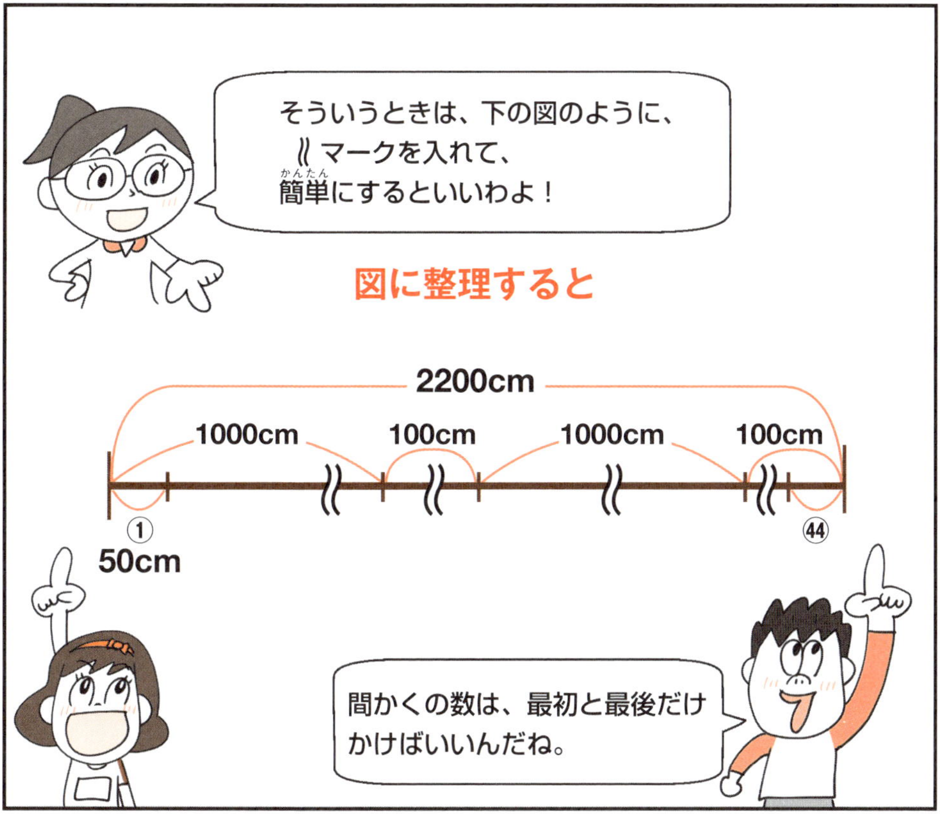

第2章 植木算

そういうときは、下の図のように、
〼マークを入れて、
簡単にするといいわよ！

図に整理すると

2200cm
1000cm　100cm　1000cm　100cm
① 50cm　　　　　　　　　　㊹

間かくの数は、最初と最後だけ
かけばいいんだね。

本当に
そう〜？

くいの数と
間かくの数の
関係を考えて
みなきゃ！

ステップ3 いっしょに解こう！

さっきは
1こ少なかったから、
くいの数は43本だ！

今度こそ
あたりだ!!

第2章　植木算(うえきざん)

 植木算(うえきざん)を解(と)く図のかき方

●問題文でわかっていることを図に表す
全体の長さの線の上に、植えるものの数や間かくの数と長さをかきます。わからない数がある場合は、その数を★に置きかえましょう。

●全体の長さを間かくの長さで区切る
間かくの長さで全体の長さをわり、間かくの数を求めます。

●植えるものの数と間かくの数の関係を考える
植えるものの数と、間かくの数をくらべます。植えるものの数が、間かくの数より少ないのか、多いのか、同じ数なのかを確(たし)かめましょう。

練習問題 4

周囲が1.6kmの池のまわりに、80mおきにくいを立てることになりました。くいは、何本用意すればよいでしょう。

―― 下のスペースに、図をかいて問題を解こう！ ――

答え

池の周囲の長さ1.6kmをmの単位にそろえてから、図に表そう。間かくの数を★に置きかえて考えてみよう。

→正解は145ページ

第2章 植木算

練習問題 5

ある道路に、端から端まで50mおきに木を植えたところ、木の数は全部で25本になりました。この道路の長さは何kmでしょう。

―― 下のスペースに、図をかいて問題を解こう！ ――

答え

道路の長さはわからないので、★mとして考えてみよう。木の数と間かくの数の関係を図にしてみよう。

→正解は146ページ

第2章　植木算

練習問題 6

長さが8cmの紙テープを、のりしろを2cmずつとって、横につなげていきます。10枚つなげたら、長さは何cmになるでしょう。

―― 下のスペースに、図をかいて問題を解こう！ ――

答え

テープの枚数とのりしろの関係を、図に表してみよう。

→正解は146ページ

第3章 つるかめ算

ツルとカメのように、足の本数がちがう動物の全体の数と、足の本数がわかっているとき、それぞれ何びきかを求める問題だよ。

第3章 つるかめ算

「これじゃ、何こ買えばいいかわからない！」

「これだけわかっていれば、なんとかなるわよ！」

文章にすると

1こが100円のリンゴと、1こが70円のカキを全部で7こ買って、合計が610円でした。それぞれ何こずつ買ったでしょうか？

ステップ2　図に整理しよう！

「線を使った図で表すわよ。
上には買ったくだものの数と合計の金額をかくの！」

7こで合計610円

「次はリンゴの合計金額とカキの合計金額の線をかくのよ！」

う〜ん

「でも、レシートにはかいてなかったよ！」

リンゴの数を○こ、カキの数を△こと考えれば、下のようにかけるわ！

図に整理すると

7こで合計610円

リンゴ（100×○こ）円＋カキ（70×△こ）円

ステップ3 いっしょに解こう！

整理できたけどどうやって考えたらいいの？

もし買ったくだものがリンゴかカキのどちらか1種類だけだったら、いくらになるか考えるの！ここではカキに全部置きかえるよ。

7こで合計610円

リンゴ（100×○こ）円＋カキ（70×△こ）円

カキ（70×7こ）＝490円

120円

実際の合計の610円より120円少ないわ！

第3章　つるかめ算

それじゃあ、カキ1こをリンゴ1こに置きかえてみて！

うん！

○を1、△を6として考えると……。

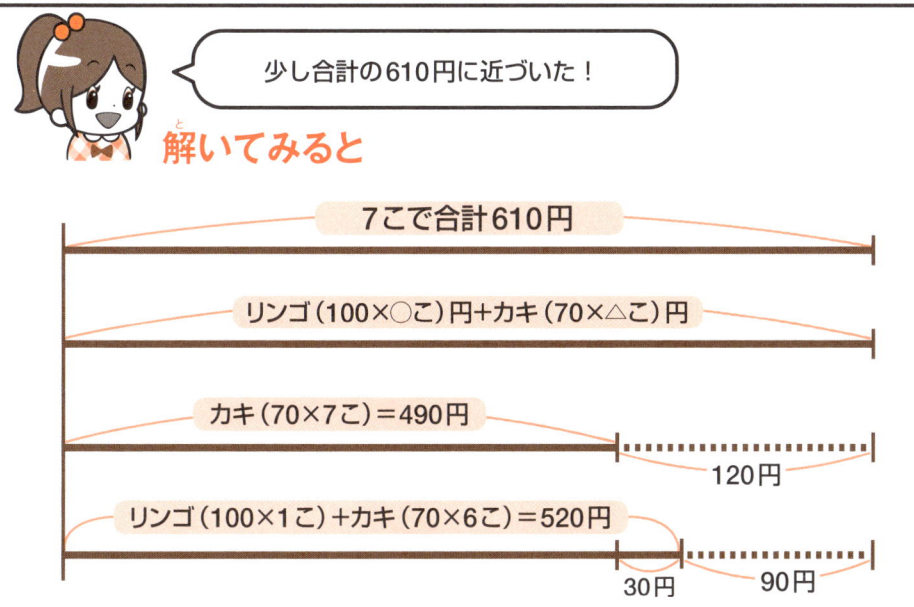

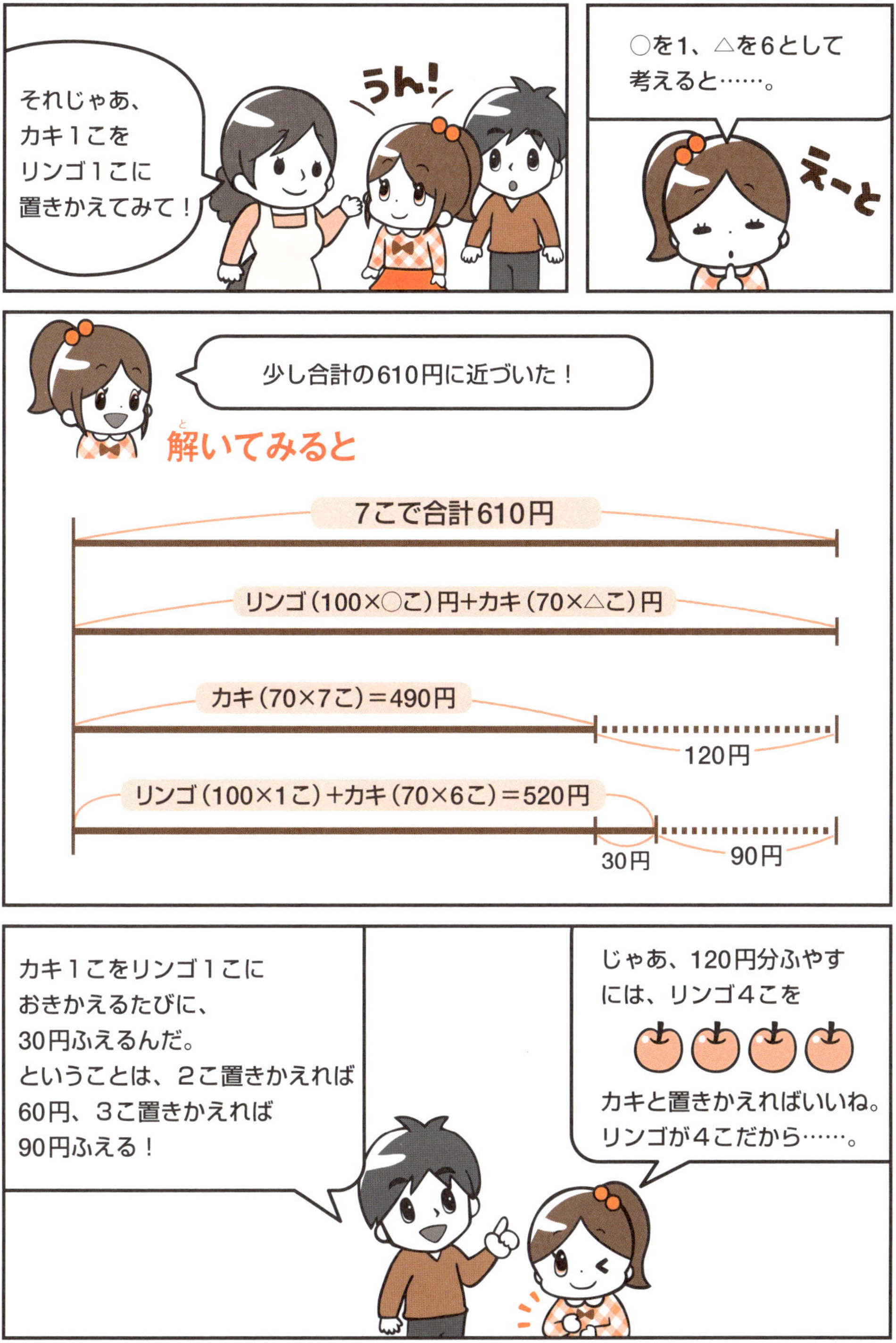

えーと

少し合計の610円に近づいた！

解いてみると

7こで合計610円

リンゴ（100×○こ）円+カキ（70×△こ）円

カキ（70×7こ）＝490円　　120円

リンゴ（100×1こ）+カキ（70×6こ）＝520円　30円　90円

カキ1こをリンゴ1こにおきかえるたびに、30円ふえるんだ。ということは、2こ置きかえれば60円、3こ置きかえれば90円ふえる！

じゃあ、120円分ふやすには、リンゴ4こをカキと置きかえればいいね。リンゴが4こだから……。

39

計算して、カキは7－4＝3で、
カキは3こ！ 図にしてもぴったり合うね！

7こで合計610円

リンゴ（100×○こ）円＋カキ（70×△こ）円

カキ（70×7こ）＝490円   120円

リンゴ（100×1こ）＋カキ（70×6こ）＝520円
　　　　　　　　　　　　　　30円　　90円

リンゴ（100×4こ）＋カキ（70×3こ）＝610円
　　　　　　　　　　　　　30円 30円 30円 30円

よく解けたわね。
お母さん、うれしくなって
きちゃった！

じつは、ちがう図のかき方もあるのよ！
知りたい？

なんか買いに行きたく
なくなっちゃったな……。

ちがう図のかき方も
知りたいな〜！ 教えて〜！

それより、早く
買いに行こうよ！

第3章　つるかめ算

長方形を使った図の解き方よ。リンゴを○こ、カキを△こと考えるのは同じ。
まずリンゴは下のように表せるわ。

リンゴ
100円
○こ

この長方形の面積が
リンゴの合計金額よ。

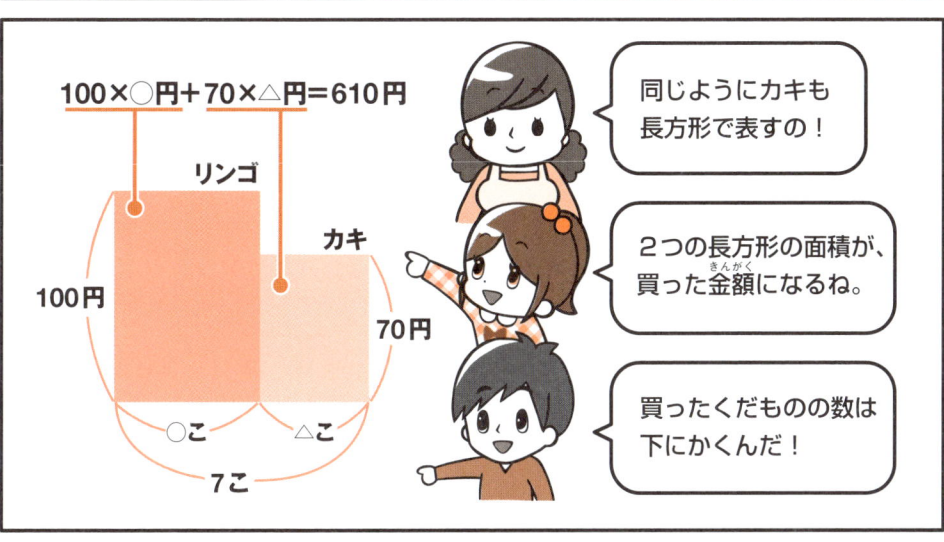

100×○円＋70×△円＝610円

リンゴ
100円
○こ

カキ
70円
△こ

7こ

同じようにカキも
長方形で表すの！

2つの長方形の面積が、
買った金額になるね。

買ったくだものの数は
下にかくんだ！

100×○円＋70×△円＝610円

100円
○こ

70円
△こ

7こ

次に☐の面積から
■の面積を
引くのよ！

☐の面積は
100×7＝700円

41

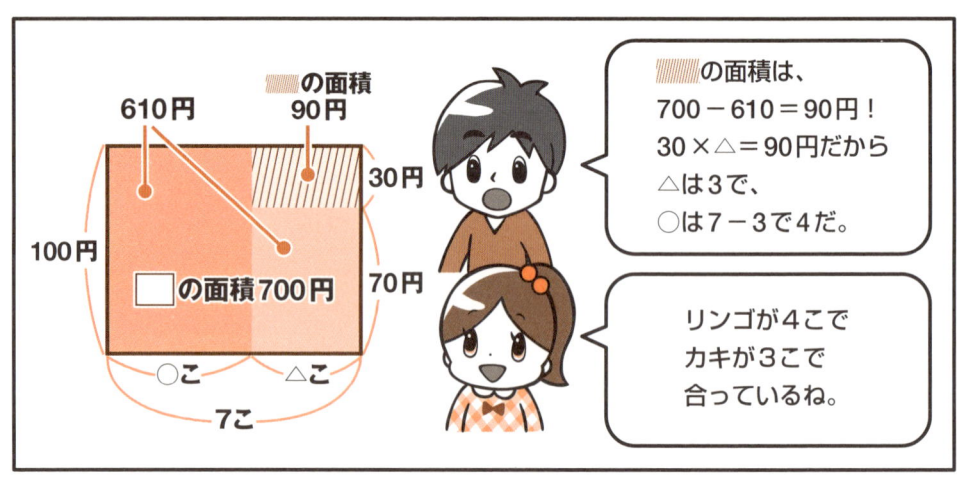

図の説明

- 610円
- ◯の面積 90円
- □の面積 700円
- 100円
- 30円
- 70円
- ◯こ / △こ / 7こ

男の子: ◯の面積は、700 − 610 = 90円！ 30 × △ = 90円だから △は3で、◯は7 − 3で4だ。

女の子: リンゴが4こでカキが3こで合っているね。

母: はいはい。はやとも買い物につきあってね！

はやと: さあ、わかったから、早く買い物に行こうよ〜！

お店にて

フルーツタイムセール
- カキ 50円
- リンゴ 80円
- キウイフルーツ 100円

あおい: キウイフルーツが安くなっているわ！

あおい(心の声): 大好きなキウイフルーツも入れたらジュースもおいしくなりそう！

母: あおい 買わないの？

第3章　つるかめ算

ステップ1　内容を理解しよう！

お願い！美人のお母さま〜！

キウイフルーツも買って！

しかたないわね〜。買ってあげるわよ！

やったぁ！

ただし、リンゴ、カキ、キウイフルーツ全部合わせて15こまで。1000円以内よ！

ハーイ

ビシ！

リンゴとキウイフルーツは同じ数ほしいな。

カキ 50円　リンゴ 80円　キウイフルーツ 100円

う〜んと、計算して……。990円で足りるわね。

それぞれ何こずつ買えばいいの？

文章にすると

1こが80円のリンゴと、1こが50円のカキと、1こが100円のキウイフルーツを全部で15こ買って合計が990円になるようにします。リンゴとキウイフルーツの数は同じにします。それぞれ何こずつ買えばよいでしょうか？

ステップ 2 図に整理しよう！

3つじゃ、どうやって求めたらいいのかな？

うーん

いいことに気づいた！

本当？お兄ちゃん教えて！

教えるから、ぼくの分のジュースもつくってね！

リンゴとキウイフルーツの数が同じ。ということは、リンゴとキウイフルーツを1組のセットとして考えられる。

リンゴ ＋ キウイフルーツ

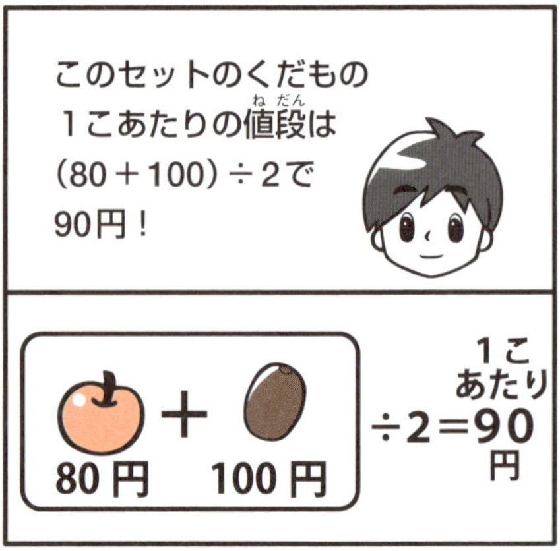

このセットのくだもの1こあたりの値段は (80＋100)÷2 で 90円！

80円 ＋ 100円 ÷2＝90円 (1こあたり)

あとは3つのくだものを右のように2つのくだものの問題におきかえて考えればいいのさ！

1こが90円のくだものと、1こが50円のカキを全部で15こ買って、合計が990円になるようにします。それぞれ何こずつ買えばよいでしょうか？

図に整理すると

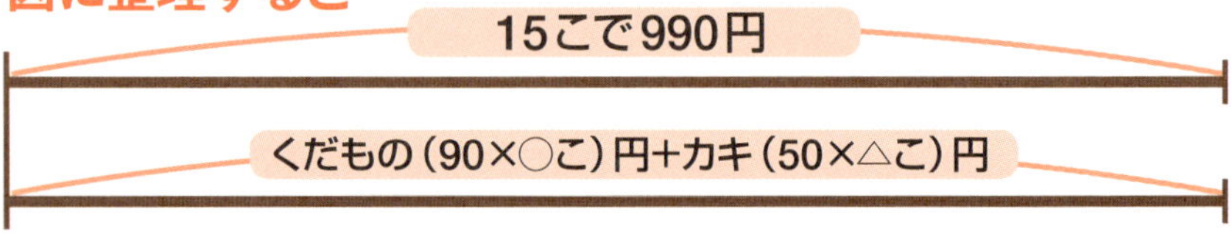

15こで990円

くだもの (90×○こ) 円 ＋ カキ (50×△こ) 円

第3章　つるかめ算

ステップ3　いっしょに解こう！

買ったものをくだものに、全部置きかえよう！

解いてみると

15こで990円

くだもの（90×15こ）＝1350円　　360円

くだもの（90×14こ）円＋カキ（50×1こ）円＝1310円　　320円　40円

くだもの1こをカキ1こにおきかえるたびに、40円へるんだ。360円分へらすには、
360÷40＝9で、
カキ9こにおきかえればいいね。
くだものは15－9で6こだ！

くだものは、リンゴ1ことキウイフルーツ1このセットのことだったよね。それぞれの数は、6÷2で3こだ！

リンゴ3こ、カキ9こ、キウイフルーツ3こだね！買ってくる〜！

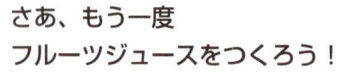

つるかめ算を解く図のかき方

●合計した数を、2本の線で表す

1本の線は合計した数を表します。もう1本の線は、それぞれの数を○、△に置きかえて表します。

●全部をどちらか1種類に置きかえる

どちらか1種類に置きかえた数を、合計した数とくらべます。

●1こだけ、もう一方の種類に置きかえる

1こ置きかえるたびに、どれくらいずつ数がふえる（またはへる）のかを考えます。

第3章　つるかめ算

練習問題 7

問題が全部で20問あり、正解で5点、△で3点もらえるテストがあります。はるなさんがこのテストを受けたところ、不正解はなく、点数は88点でした。はるなさんは何問正解したでしょう。

―― 下のスペースに、図をかいて問題を解こう！ ――

答え

ヒント

すべてを正解の数に置きかえるか、△の数に置きかえるか決めて、図に表そう。

→正解は 147 ページ

練習問題 8

まさおくんが貯金箱の中身を確かめたところ、五円玉と十円玉が合わせて120枚あり、金額の合計は785円でした。五円玉は何枚あるでしょう。

―― 下のスペースに、図をかいて問題を解こう！ ――

答え

貯金箱の中身の枚数をすべて五円玉の数に置きかえるか、十円玉の数に置きかえるか決めて、図に表そう。

→正解は147ページ

第3章 つるかめ算

練習問題 9

ゆいさんが家から1.2kmはなれた駅まで行くのに、はじめは分速60mで歩き、とちゅうから分速120mで走ったら、16分かかりました。ゆいさんが走ったきょりは何mでしょう。

―― 下のスペースに、図をかいて問題を解こう！ ――

答え

ヒント

「分速」は1分間で進むきょりで表した速さのことだよ。歩いた時間を○分、走った時間を△分として図に表してみよう。

→正解は148ページ

第4章 分配算

> ある決まった量を分けるとき、ある人の量を基準にして、それぞれのとり分を求める問題だよ。

第4章 分配算

よ～し！早いもの勝ちだ！これ全部、ぼくのカード！

ひろとお兄ちゃんずるいよ～！

すごい！レアカードもたくさんある！

仲よく分けてね。

おまえたち……！

ぼくが先にとったんだからぼくのカードだ！

ぼくだってそのカードほしいもん！

じゃあ、じゃんけんで勝ったほうが2倍の枚数もらえることにしよう。

おじさんも困っているだろう！けんかをするなら、カードはやらん！

そんな～！

ステップ1 内容を理解しよう！

51

じゃ〜んけ〜ん……
負けちゃった……！
ぽん！
やった〜！
勝った〜！
じー!!
くやしいけど、
負けたから
しかたない。
ちょき…
というわけで、
2人でちゃんと分けるから、
カードちょうだい！
い〜や、
だめだ！
え〜！　なんで？
ガーン
おまえたちは、レアカードの数で
またけんかするだろう？
だから、今この場で分ける！

第4章　分配算

全部で24枚あるカードを2人で分けるとそれぞれ何枚ずつにすればいいかな？

う～ん…。

文章にすると

24枚のカードを、はるき君とひろとお兄ちゃんの2人で分けます。ひろとお兄ちゃんのもらうカードは、はるき君のカードの枚数の2倍になるようにします。2人のカードの数は、それぞれ何枚でしょうか？

ステップ2　図に整理しよう！

どこから手をつけたらいいの？

何かヒントを教えて～！

すりすり

しかたない！

2人のカードの枚数を図にして表すんだ！

まず2人のカードの枚数をくらべるから下のように項目をかく！

項目

はるき

ひろと

うんうん！

53

はるき
ひろと
合計
24枚
次に全部のカードの枚数をかく。
カードは全部で24枚だからこうやってかくんだね！
あとは、どちらか1人のカードの枚数を★に置きかえて図にする！
むっ！
ぼくのを★にする！
ひろとお兄ちゃんばかり自分で決めてずるい！ぼくのを★にする！
けんかしない！
ぎゃいぎゃい
どちらを★にするかは、まとめた文章を読めばわかる！
「基準」となるカードの枚数を★にするんだ！
まとめた文章で、ひろとのカードの枚数を「はるきのカードの枚数の2倍」と言っているから……。

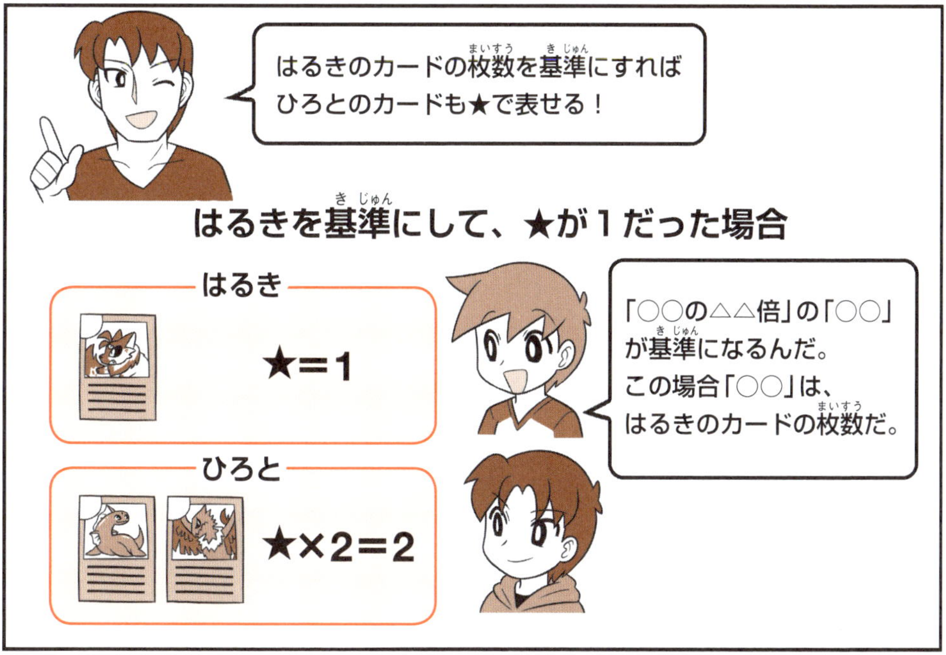

第4章　分配算

はるきのカードの枚数を基準にすれば
ひろとのカードも★で表せる！

はるきを基準にして、★が1だった場合

はるき
★＝1

ひろと
★×2＝2

「○○の△△倍」の「○○」が基準になるんだ。
この場合「○○」は、はるきのカードの枚数だ。

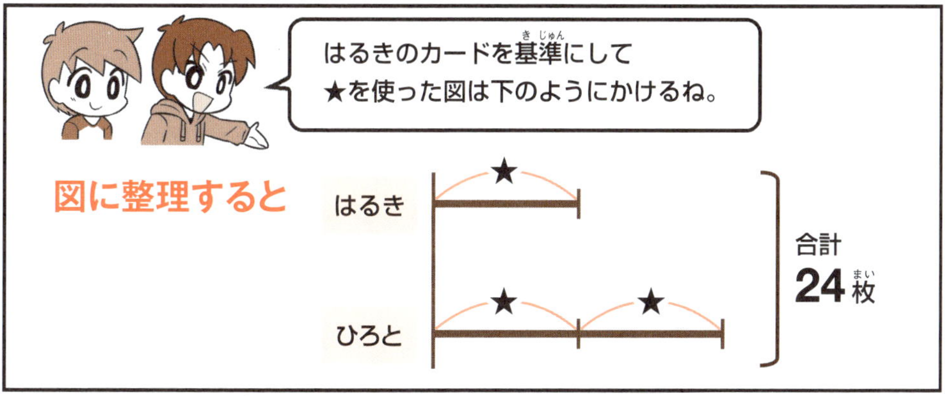

はるきのカードを基準にして
★を使った図は下のようにかけるね。

図に整理すると

はるき ★
ひろと ★　★
合計 24枚

ステップ3　いっしょに解こう！

★3つ分が24になるということは……。

図をよく見て気づいたところはあるかな？

★×3＝24
★＝24÷3
★＝8

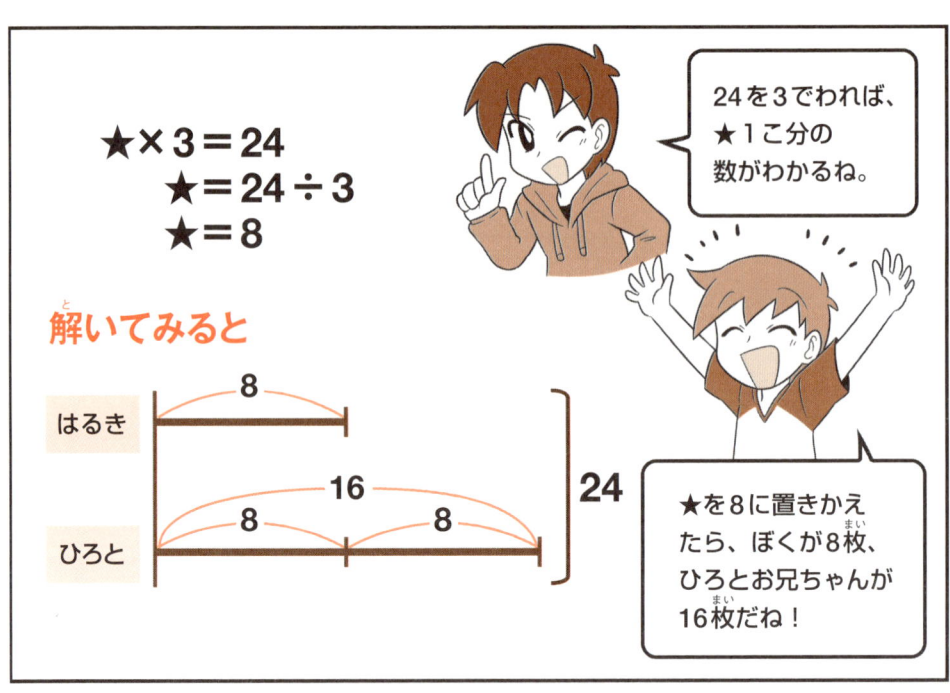

24を3でわれば、★1こ分の数がわかるね。

解いてみると

はるき： 8
ひろと： 8 ＋ 8 ＝ 16
合計 24

★を8に置きかえたら、ぼくが8枚、ひろとお兄ちゃんが16枚だね！

その通り！今度はけんかするなよ！

じゃあ、そろそろおじさんは帰るかな！

いっしょに遊んでよ〜！

ごめんな！おみやげにロールケーキを置いていくから、あとで食べてね！

第4章 分配算

ステップ1 内容を理解しよう！

またけんかして、どうしたんだ？

だって！ ぼくの分、とっても少ないんだよ！

どうやって切り分けたんだ？

お父さんの分は、はるきの2倍の厚さにした！

ぼくの分は、はるきの2倍の厚さにおまけで5cm分を加えた厚さにしたよ。

ロールケーキは全部で30cmもあるぞ？いったいどれだけ食べたんだ？

いてっ！

文章にすると

30cmのロールケーキを、はるき君とひろとお兄ちゃん、お父さんで分けました。ひろとお兄ちゃんのケーキは、はるき君の2倍の厚さより5cm多くなっています。お父さんのケーキは、はるき君の2倍の厚さです。ひろとお兄ちゃんのケーキの厚さは何cmでしょう？

第4章　分配算

ステップ2　図に整理しよう！

これも同じように解けるよ！

お兄ちゃんが食べたロールケーキの厚さを知りたいけど、3人もいちゃわからないよ。

う〜ん…？

はるき
ひろと
お父さん
合計 30cm

3人のロールケーキの厚さをくらべるから、左のように項目と合計をかくんだ！

あとは基準となる数を考えるんだね。

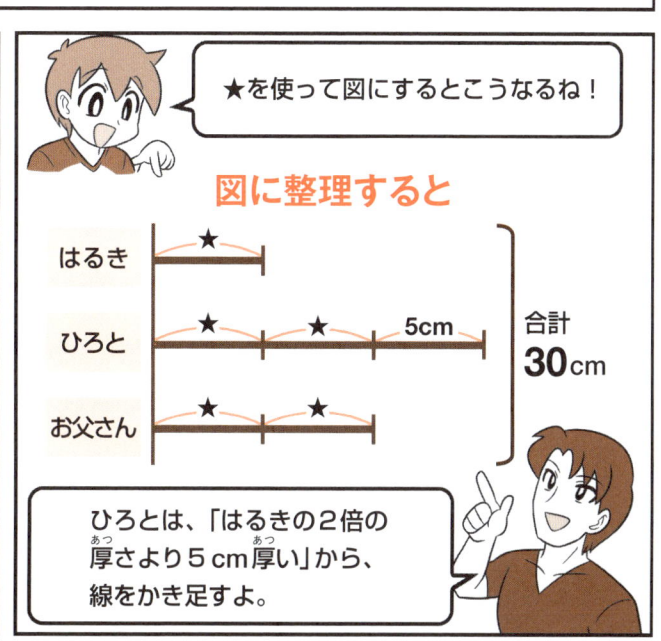

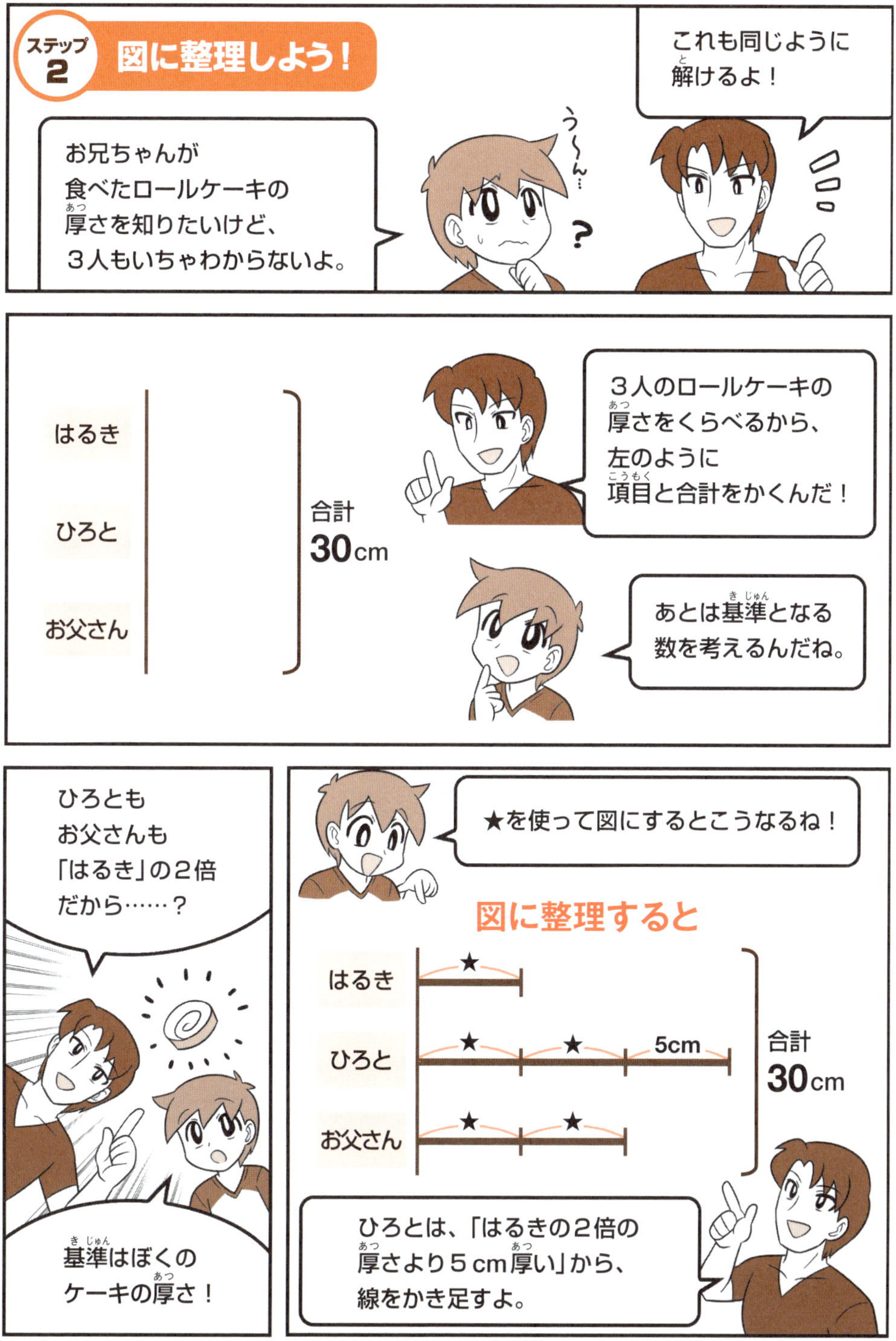

ひろともお父さんも「はるき」の2倍だから……？

基準はぼくのケーキの厚さ！

★を使って図にするとこうなるね！

図に整理すると

はるき　★
ひろと　★　★　5cm
お父さん　★　★
合計 30cm

ひろとは、「はるきの2倍の厚さより5cm厚い」から、線をかき足すよ。

ステップ3 いっしょに解こう!

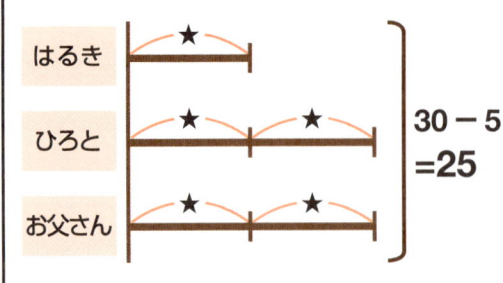

★5こ分と5cmが、30cmだとわかったけど、どうしたら解けるのかな?

はるき	★
ひろと	★ ★
お父さん	★ ★

30 − 5 = 25

そんなときは、よぶんな5cmを全体の30cmから引いて、★だけで線を表そう!

解いてみると

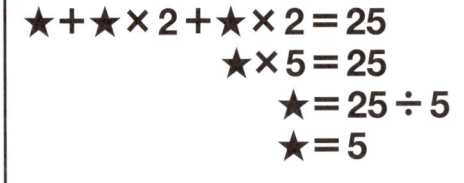

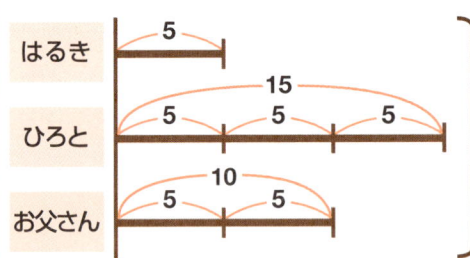

★ + ★ × 2 + ★ × 2 = 25
★ × 5 = 25
★ = 25 ÷ 5
★ = 5

25を5でわって、★1こ分の厚さがわかるね。最初の図にはめるとこうだ!

はるき	5
ひろと	5 / 15 / 5 5 5
お父さん	5 / 10 / 5

30

ぼくは15cmも食べていたのか。

みんなただいま!

ずいぶん買ったね!

おじさん、帰っちゃったのね。みんなで食べようと買ってきたのに……。

第4章　分配算

分配算を解く図のかき方

● 項目と全体の数をかく

● 基準となる数を決める
問題文をよく読んで、どれを基準にすれば、図に表せるかを考えます。

● 基準となる数を★にして、図に表す
それぞれの項目の数を、★を使って表します。

練習問題 10

60枚のシールを、ゆうき君と弟で分けることにしました。ゆうき君が、弟の2倍より3枚少ない枚数のシールを受け取るとしたら、ゆうき君は何枚受け取れるでしょう。

―― 下のスペースに、図をかいて問題を解こう！ ――

答え

図をかくときに、ゆうき君と弟のどちらを基準にしたらよいかを考えよう。

→正解は148ページ

練習問題 11

第4章 分配算

2mのひもを切って、長さのちがう2本のひもをつくります。長いほうが短いほうの3倍より20cm短くなるようにするには、長いほうのひもを何cmにすればよいでしょう。

―― 下のスペースに、図をかいて問題を解こう！ ――

答え

図をかくときに、長いひもと短いひものどちらを基準にしたらよいかを考えよう。

ヒント

→正解は 149 ページ

練習問題 12

第4章 分配算

お兄さん、ひろみさん、弟の1か月のおこづかいの合計は4400円です。ひろみさんのおこづかいは弟の2倍より100円少なく、お兄さんはひろみさんの2倍より500円多くおこづかいをもらっています。ひろみさんのおこづかいはいくらでしょう。

―― 下のスペースに、図をかいて問題を解こう！ ――

答え

問題文を読んで、だれのおこづかいが1番少ないかを考えてみよう。1番少ない人の金額を基準にして、図をかこう。

→正解は149ページ

第5章 旅人算

2人以上がある地点から同じ方向に進んだり、はなれた場所から進んだりしたときに、出会うまでの時間や速さ、きょりを求めるよ。

映画館に行くよ！

あれ？

お母さんは準備できた？

それが携帯電話が見つからなくて……。

急にトイレに行きたくなっちゃった。

ねぇ、早く行こうよ〜！

それじゃあ、お父さんとみきは先に向かうから、たかひろとお母さんはあとからおいで！

はい

うん

65

10分後

ふぅ、すっきりした！

お母さんの携帯電話、トイレにあったよ！

ホント！

よかった〜。

じゃあ、行きましょう！

でも、お父さんたちが出てから10分もたっているよ〜。

追いつけるかな〜？

だいじょうぶ！

ステップ1 内容を理解しよう！

たぶん2人は1分間で80mのペースで歩いていると思うの。

自転車で追いかけましょう！

自転車は1分間で160mのペースで進めるわ！

1分間に進むきょりで表す速さを「分速」というの。

これで何分後にお父さんたちに追いつけるかわかるかな？

うーん

第5章　旅人算

文章にすると

お父さんたちは、家を出発し、分速80mで映画館に向かっています。その10分後に、たかひろたちは自転車に乗って、分速160mで追いかけます。たかひろたちは何分後に2人に追いつきますか？

ステップ2　図に整理しよう！

考えている時間がもったいない！

早く追いかけようよ！

図にすれば簡単よ！

お父さんたちが出発して1分後

お父さんたち　——80m→

たかひろたち

まず、たかひろが追いかける前に、お父さんたちがどれぐらい進んでいるかを考えよう！

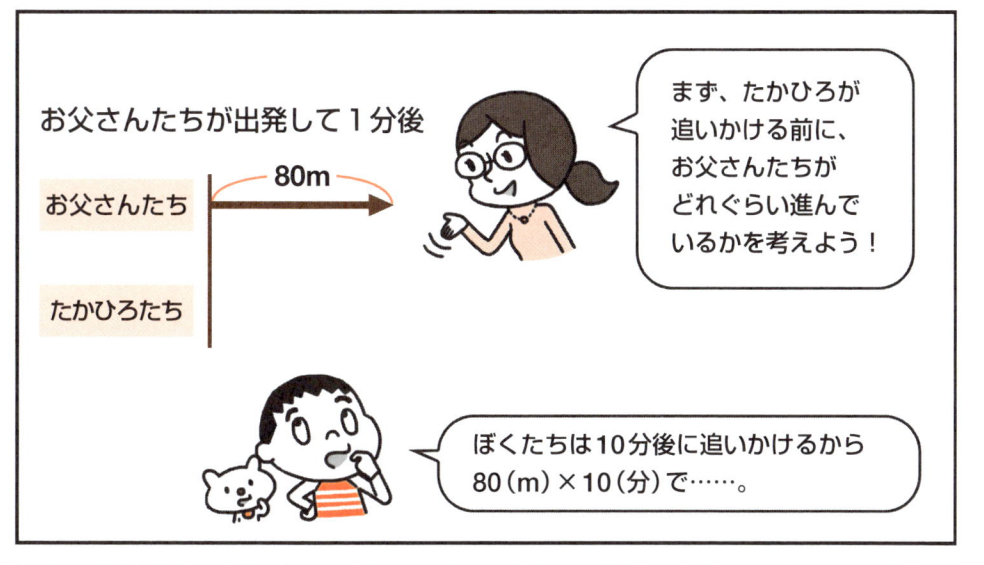

ぼくたちは10分後に追いかけるから80(m)×10(分)で……。

図に整理すると

たかひろたちの出発時

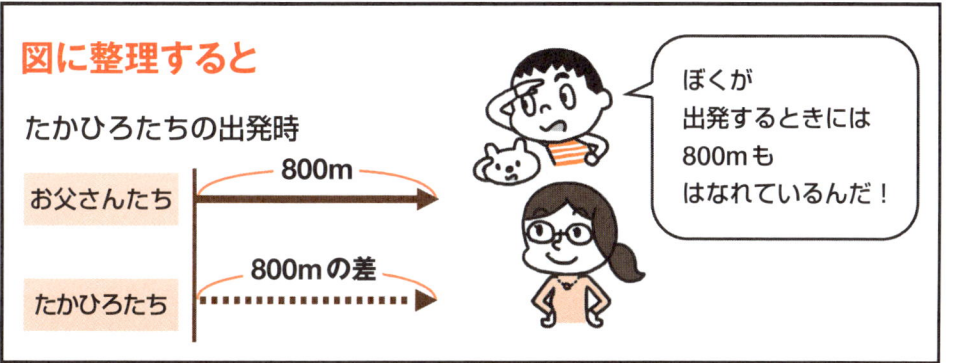

お父さんたち　——800m→

たかひろたち　･･････800mの差･･････→

ぼくが出発するときには800mもはなれているんだ！

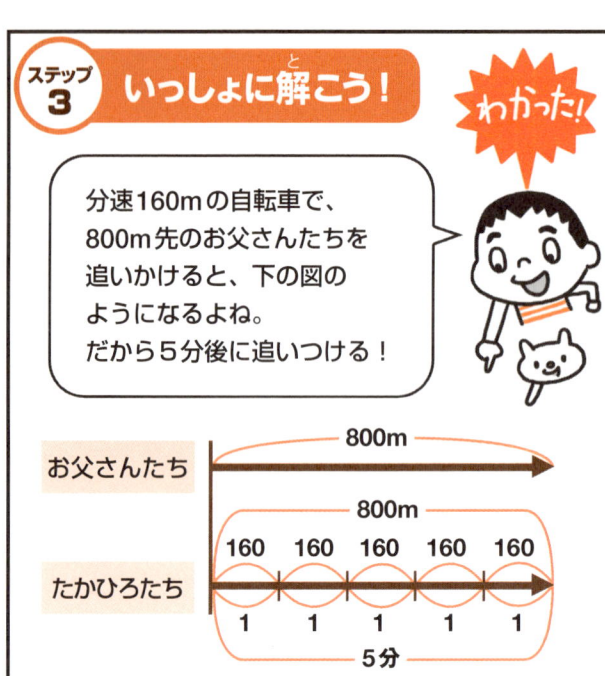

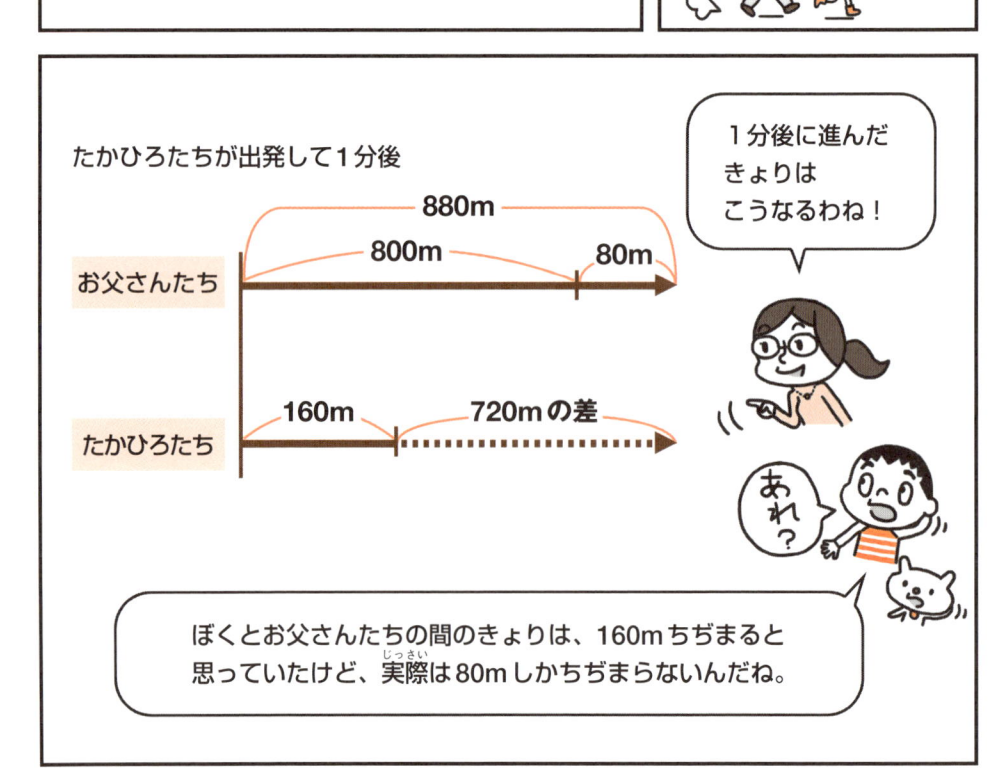

ステップ3 いっしょに解こう！

わかった！

分速160mの自転車で、800m先のお父さんたちを追いかけると、下の図のようになるよね。だから5分後に追いつける！

おしいわね！

え？

お父さんたち ←―――― 800m ――――→

たかひろたち ←―――― 800m ――――→
160 / 160 / 160 / 160 / 160
1 / 1 / 1 / 1 / 1
5分

お父さんたちも止まらないで1分ごとに進んでいるの。

たかひろたちが出発して1分後

1分後に進んだきょりはこうなるわね！

お父さんたち ←―― 880m ――→
←―― 800m ――→ 80m

たかひろたち 160m 720mの差

あれ？

ぼくとお父さんたちの間のきょりは、160mちぢまると思っていたけど、実際は80mしかちぢまらないんだね。

第5章　旅人算

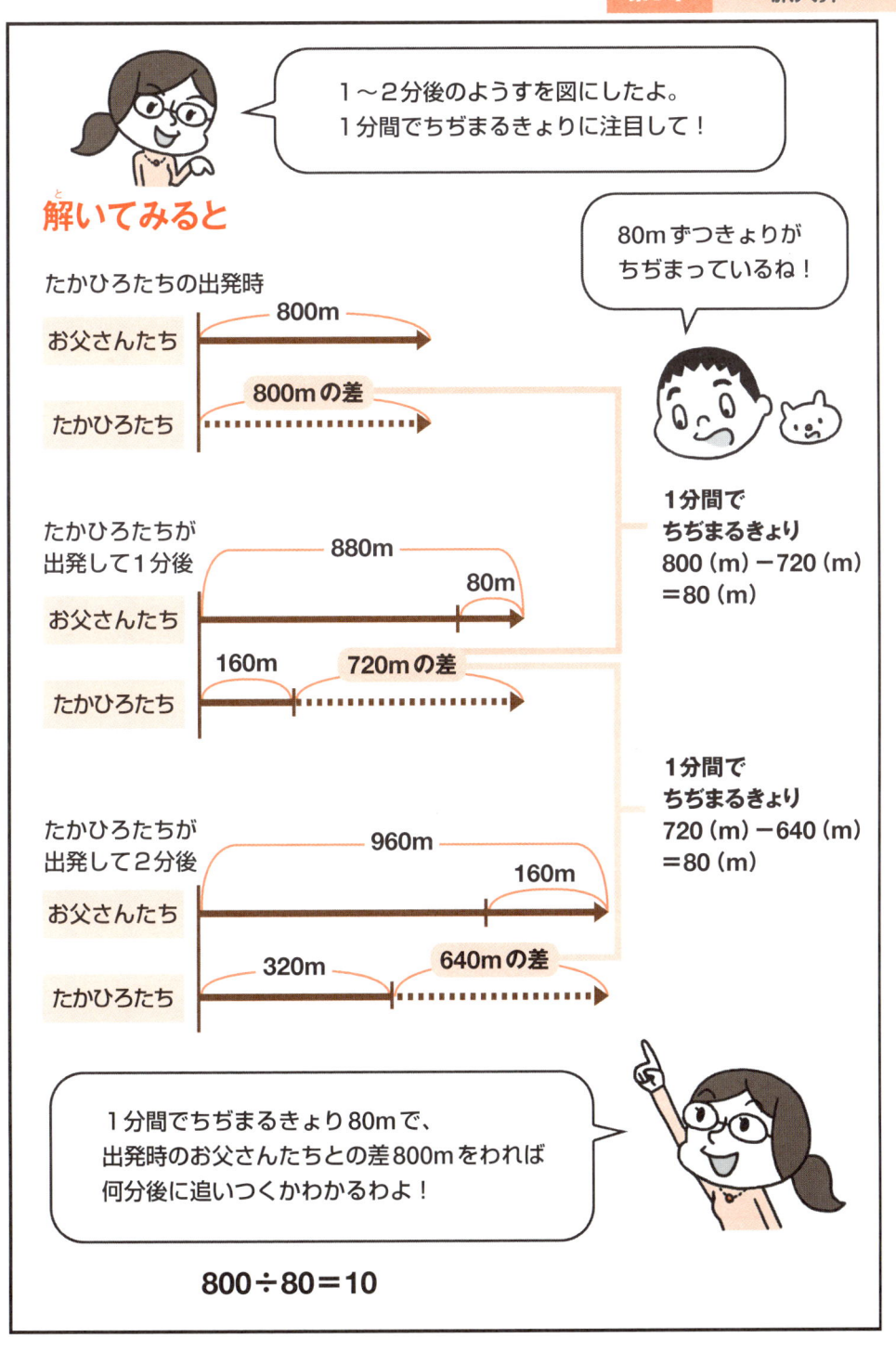

1〜2分後のようすを図にしたよ。
1分間でちぢまるきょりに注目して！

解いてみると

80mずつきょりがちぢまっているね！

たかひろたちの出発時
- お父さんたち：800m
- たかひろたち：800mの差

たかひろたちが出発して1分後
- お父さんたち：880m（うち80m）
- たかひろたち：160m、720mの差

1分間でちぢまるきょり
800(m)−720(m)＝80(m)

たかひろたちが出発して2分後
- お父さんたち：960m（うち160m）
- たかひろたち：320m、640mの差

1分間でちぢまるきょり
720(m)−640(m)＝80(m)

1分間でちぢまるきょり80mで、出発時のお父さんたちとの差800mをわれば何分後に追いつくかわかるわよ！

800÷80＝10

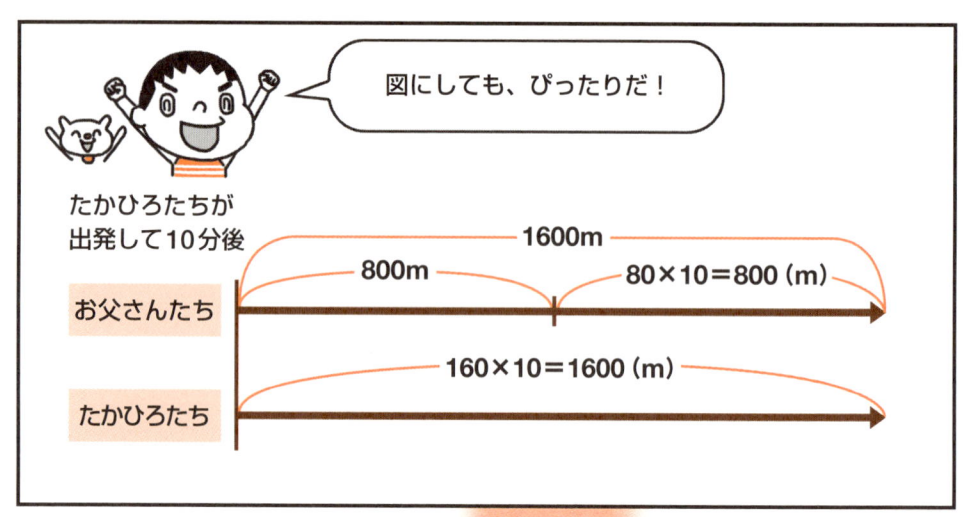

図にしても、ぴったりだ！

たかひろたちが出発して10分後

お父さんたち ― 800m ― 80×10=800(m) ― 1600m

たかひろたち ― 160×10=1600(m)

10分後

あ、

お父さんたちだ！

よいしょ こらしょ

イッテキニャ～

それじゃあ、早く追いかけよう！

たかひろ、おなかは、もうだいじょうぶか？

うん！

○△シネマ

第5章　旅人算(たびびとざん)

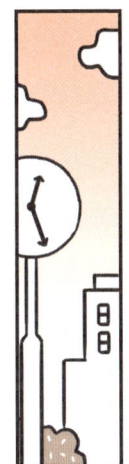

今から映画館のそばのレストランでお昼を食べるからいっしょにどう？

いいね。
それじゃあ、向かうね！

プレゼントってなんだろう？

前におばあちゃんと行ったデパートで売っていたゲーム機かな？

食べよー
食べよー

ムフフ…

ステップ1 内容を理解しよう！

ぼく、おばあちゃんを、むかえに行くよ！

き、そうか。

何分くらいでおばあちゃんに会えるかな？

はい！プレゼント

わーい!!

家から映画館まで1800mだ。

1800m
○△シネマ

おばあちゃんは、大きい荷物を持っているようだから……

分速60mで歩いているだろう！

第5章　旅人算

文章にすると

家から映画館まで、1800mはなれています。おばあちゃんは家から分速60mで、たかひろたちは映画館から分速140mで同時に出発しました。たかひろたちは、何分後におばあちゃんに会えますか？

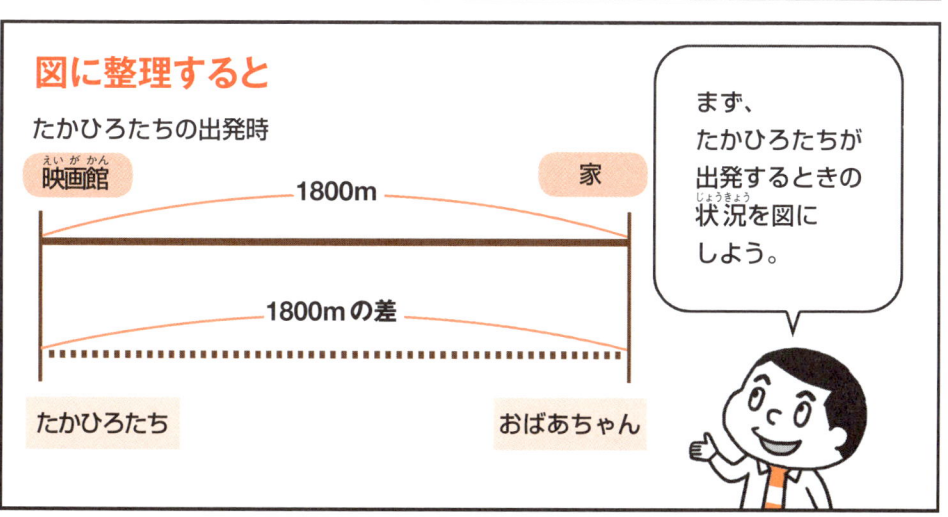

わたしも、おばあちゃんの荷物を持つの手伝う〜！

たかひろとみきなら、走って分速140mで行けるだろう。

ステップ2　図に整理しよう！

う〜ん…今度は追いかけるのではないね。

待て〜

図に整理すると

たかひろたちの出発時

映画館　———1800m———　家

———1800mの差———

たかひろたち　　　　おばあちゃん

まず、たかひろたちが出発するときの状況を図にしよう。

ステップ3 いっしょに解こう！

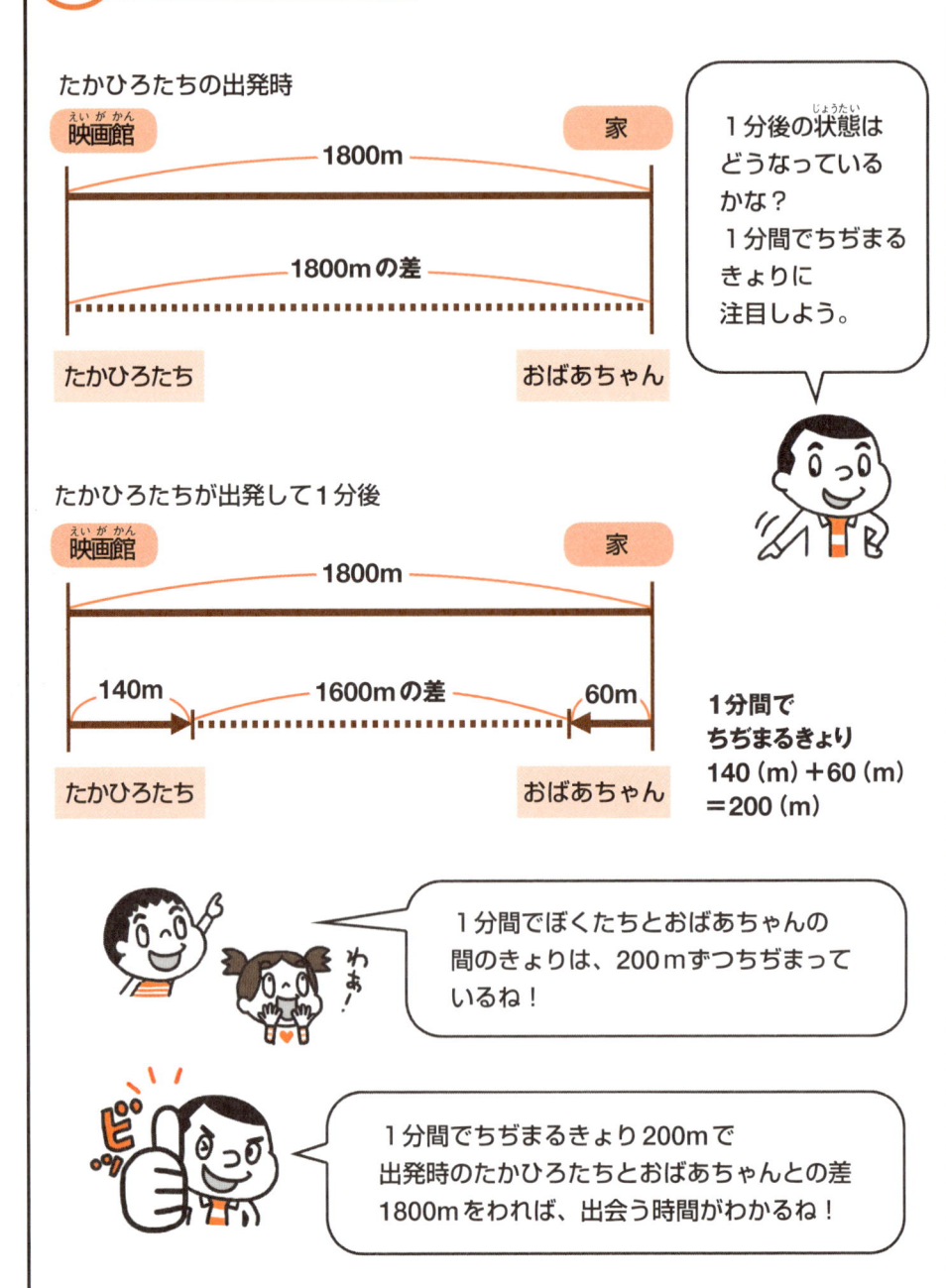

たかひろたちの出発時

映画館 ——1800m—— 家
たかひろたち ……1800mの差…… おばあちゃん

1分後の状態はどうなっているかな？
1分間でちぢまるきょりに注目しよう。

たかひろたちが出発して1分後

映画館 ——1800m—— 家
140m → ……1600mの差…… ← 60m
たかひろたち　　　　　　　　おばあちゃん

1分間でちぢまるきょり
140（m）＋60（m）
＝200（m）

1分間でぼくたちとおばあちゃんの間のきょりは、200mずつちぢまっているね！

1分間でちぢまるきょり200mで出発時のたかひろたちとおばあちゃんとの差1800mをわれば、出会う時間がわかるね！

第5章　旅人算(たびびとざん)

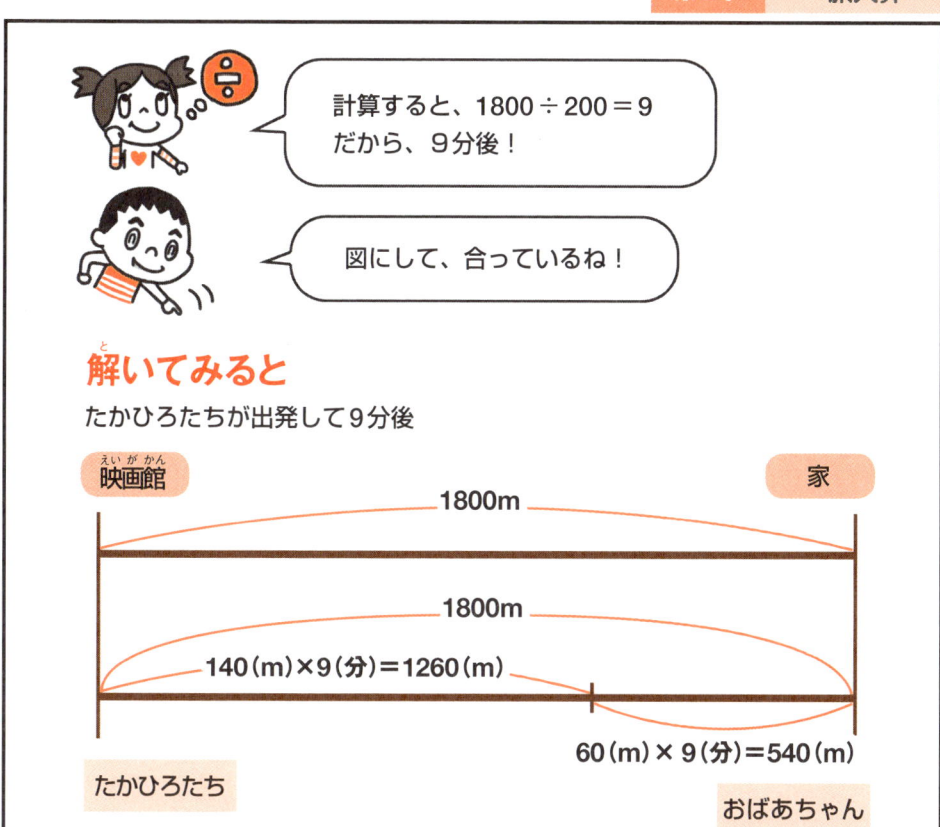

「計算すると、1800÷200＝9 だから、9分後！」

「図にして、合っているね！」

解(と)いてみると

たかひろたちが出発して9分後

映画館(えいがかん)　　　　　　　1800m　　　　　　　家

1800m

140(m)×9(分)＝1260(m)

60(m)×9(分)＝540(m)

たかひろたち　　　　　　　　　　　　　おばあちゃん

やった〜！わかった！

おばあちゃんをむかえに行こう！

たったかたー

あ！おばあちゃんだ！

旅人算を解く図のかき方

● 出発前の状況を図にする

だれがだれを追いかけるのか、だれがだれと出会うのかなどを、問題文から読みとり、線で表します。

● 出発後の2人の間のきょりの変化を考える

時間がたつと、2人の間のきょりが、どれくらいちぢまるのかを、図から読みとります。

第5章　旅人算

練習問題 13

1.8kmはなれた2つの地点、AとBがあります。今、みなこさんがAからBに向かって分速80mで、まさきさんがBからAに向かって分速70mで、同時に出発しました。ふたりが出会うのは、出発して何分後でしょう。

―― 下のスペースに、図をかいて問題を解こう！ ――

答え

ヒント

みなこさんとまさきさんが、2つの地点AとBから、それぞれ歩きはじめた状況とその1分後の状況を図にしてみよう！

→正解は150ページ

練習問題 14

ある日、ゆかりさんは家を出て、時速6kmで駅に向かいました。ところが15分後、お母さんが忘れものに気づき、自転車で時速12kmの速さで追いかけました。お母さんは、家から何kmの場所でゆかりさんに追いつくでしょう。

―― 下のスペースに、図をかいて問題を解こう！ ――

答え

ヒント
1時間に進むきょりで表した速さが「時速」だよ！ 時速を1分間に進むきょりで表した速さ「分速」に直してから考えよう。

→正解は150ページ

第5章　旅人算

練習問題 15

周囲1.4kmの池があります。この池のまわりを、たくやさんとひかりさんが同じ地点から同時に出発して同じ方向に歩いたら、1時間10分後に、はじめてたくやさんがひかりさんを追いぬきました。ひかりさんの歩く速さが時速3.6kmだとしたら、たくやさんの歩く速さは、時速何kmでしょう。

―― 下のスペースに、図をかいて問題を解こう！ ――

答え

ヒント
1周追いぬくということは、たくやさんはひかりさんより、1.4km多く歩いていることになるね。ひかりさんが70分で歩いたきょりを考えてみよう。

→正解は151ページ

第6章 流水算(りゅうすいざん)

船が川を上ったり下ったりしたときに、川の流れの速さや船自体の速さ、船が通るのにかかる時間、川の長さを求める問題だよ。

すごい！　船だ！

この船で川を上って遊園地まで行くよ！
あら、お父さんはどこ？

わたしたちは、あそこのお店でかき氷を食べようよ！

出発までまだ少しあるから、お父さんは、船の写真をとってくるぞ！

山田町
（上り）

キラーン

第6章　流水算（りゅうすいざん）

えり、行くわよ！
まだ〜？
待って〜！
キーン
ふう、
間に合った！
えり、ぼうしは
どうしたの？
この船は？
すごーい
きれい
さっきのお店の
いすに置いて
きちゃった！
あっ！
ステップ1 内容を理解しよう！
お気に入り
なのに……。
次の乗り場でおりて
もどりましょう！

第6章　流水算

時刻表
田中橋（下り）

	かきの島行き			
10	10	25	50	
11	5	20	35	45
12	10	25	30	
13	5	20	35	45
14	10	25	30	
15	5	20	35	

下りの船が
いつ出るか
見てみよう！

次は11時5分。
30分後だな！

ここまでくるのに、
30分かかっているし、
船がくるまで30分も
かかるんじゃ、遊園地で
遊ぶ時間がなくなるよ！

今度は川を下るから
少し早く着けるよ！

どれくらいで着くの？

山田町から田中橋までの間は
4800mあるんだ！
これで下りにかかる
時間がわかるぞ！

さっき船の乗務員に聞いたけど、
川の流れのないときのこの船の速さは
分速200mだそうだ！

文章にすると

流れのないときの速さが分速200mの船があります。この船は、川下の山田町から川上の田中橋までの4800mの区間を上るのに、30分かかりました。同じところを下るには、何分かかりますか？

ステップ2 図に整理しよう！

速さに、時間にきょり……。どこから手をつければいいの？

まず船の上りの速さと、流れのないときの速さと下りの速さをくらべる図をかくんだ。
流れのないときを「静水時」というよ！

船の速さをくらべる図

上り	
静水時	——— 分速200m ———→
下り	

流れのないときの速さは分速200mだから、静水時は上のようにかけるんだね！

84

第6章　流水算

上りのときに船が1分間で進むきょりは、
4800mを30分で進むんだから、
4800(m)÷30(分)=160(m)
だね！

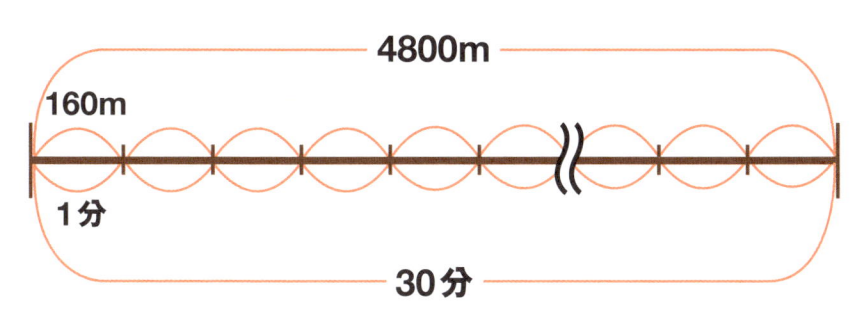

4800m
160m
1分
30分

ということは、船の上りの速さは、
分速160mだから、下のようにかけるね！

図に整理すると

船の速さをくらべる図

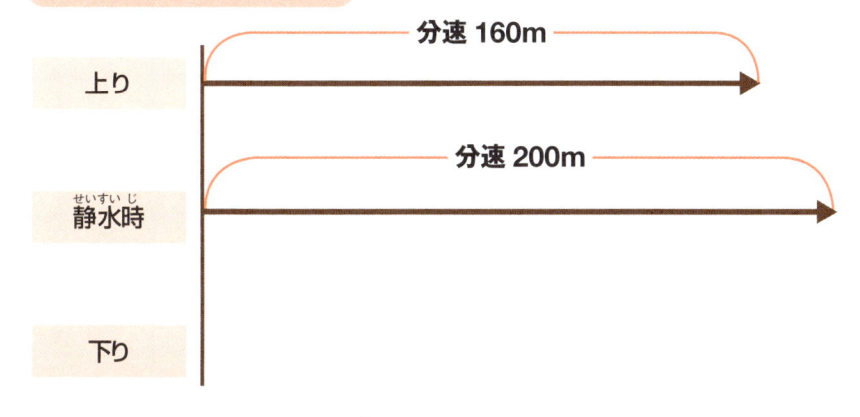

上り　　　分速 160m
静水時　　分速 200m
下り

85

ステップ3 いっしょに解こう!
同じ船なのにどうして、上りは静水時よりおそいの?
えりお姉ちゃんが重いからじゃないの〜?
ちがうよ!
川の流れの速さが影響するからだ!
上るときは、船が川の流れにさからって進むので、船の速さは静水時の船の速さから、川の流れの速さが引かれる。 ぎゃくに、川を下る船の速さは、静水時の船の速さに川の流れの速さが加わるんだ。
そうか!
川上
川下
川の流れの速さ
船の速さ
上り
ビュン!
川上
川下
川の流れの速さ
船の速さ
下り

第6章　流水算

> じゃあ、下りの速さは、川の流れの速さを足せばわかるね！　川の流れの速さは、静水時の速さから上りの速さを引いて、200－160で、分速40mだね。

解いてみると

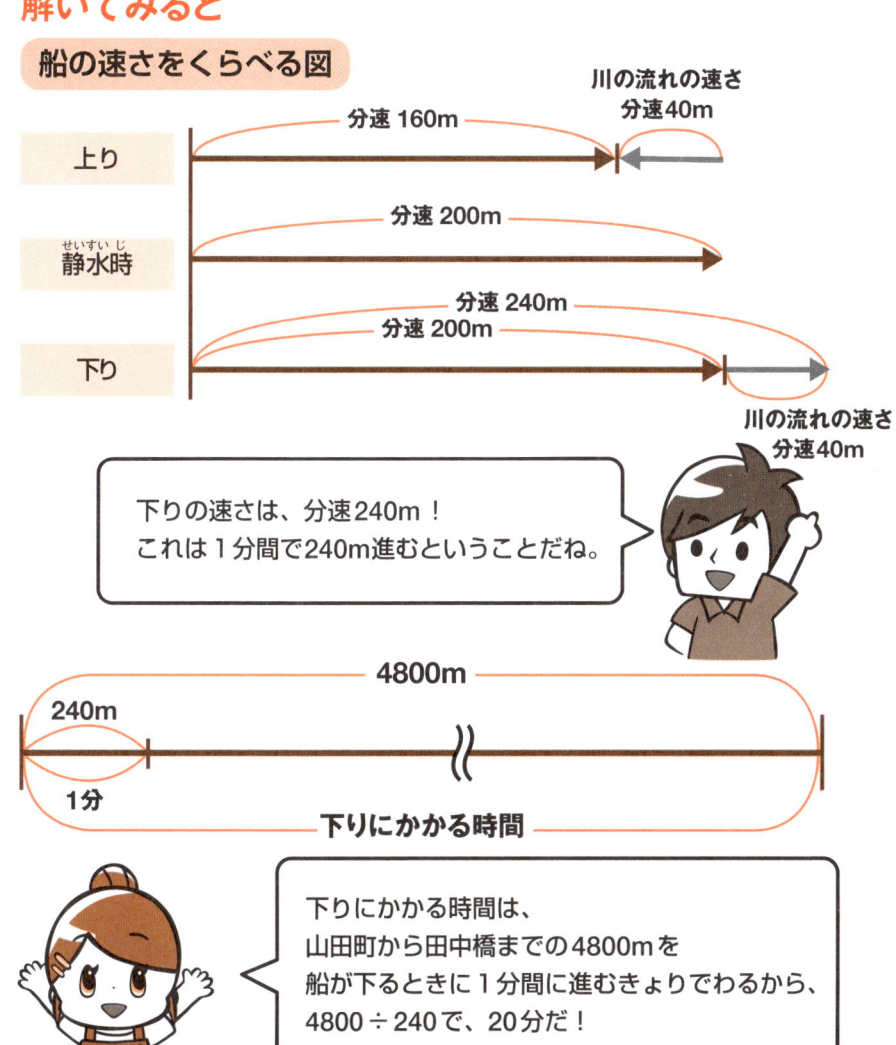

船の速さをくらべる図

- 上り：分速160m ／ 川の流れの速さ 分速40m
- 静水時：分速200m
- 下り：分速240m（分速200m ＋ 川の流れの速さ 分速40m）

> 下りの速さは、分速240m！
> これは1分間で240m進むということだね。

4800m
240m
1分
下りにかかる時間

> 下りにかかる時間は、山田町から田中橋までの4800mを船が下るときに1分間に進むきょりでわるから、4800÷240で、20分だ！

ふたたび
もどってきた山田町

ぼうしが届いていないか
お店の人に聞いてくる！

ありがとう
ございます！

届いてますよ

お父さん、どうしたの？

パシャ
パシャ

最新型だ！
これに乗ろう！

遊園地前までの通り道が
変わって、遠くなるわ！

ステップ1 内容を理解しよう！

この船はさっきの船より速い！
山田町から遊園地前までの24kmを、
上りは1時間、下りは48分で行ける！

ブーブー

どれくらい速いの？

文章にすると

川下の山田町から川上の遊園地前まで24kmあります。この間を船で往復すると、上りに1時間、下りに48分かかります。この船の静水時の速さは、時速何kmでしょうか？ 最初に乗った船の静水時の速さとくらべて、どれくらい速いでしょうか？

第6章　流水算

ステップ2　図に整理しよう！

まず、船の上りと静水時、下りの速さを、それぞれ図にするよ。
静水時の速さはわからないから、時速★kmにするんだ。

上りは1時間で24km進むから、時速24kmだね！

図に整理すると

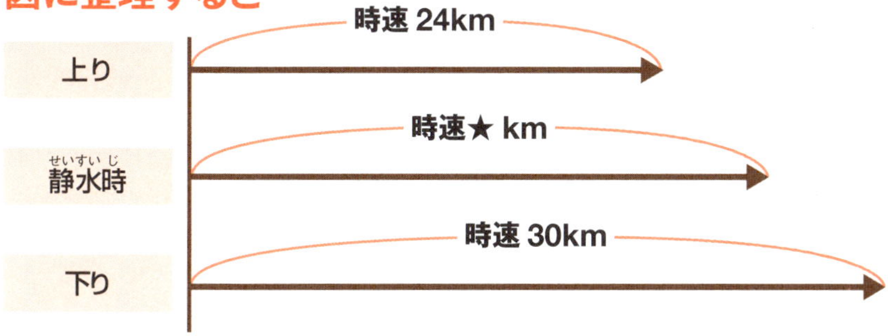

上り	時速 24km
静水時	時速 ★ km
下り	時速 30km

下りは48分で24km進むから、
1分で進むきょりは24÷48で、0.5km！
1時間で進むきょりは、0.5×60で
30kmだから、時速30kmだね。

その通り！　あとは川の流れの速さに注目してみるんだ！

ステップ3 いっしょに解こう!

解いてみると

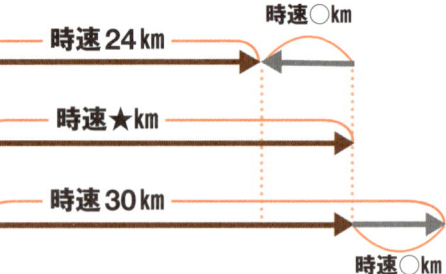

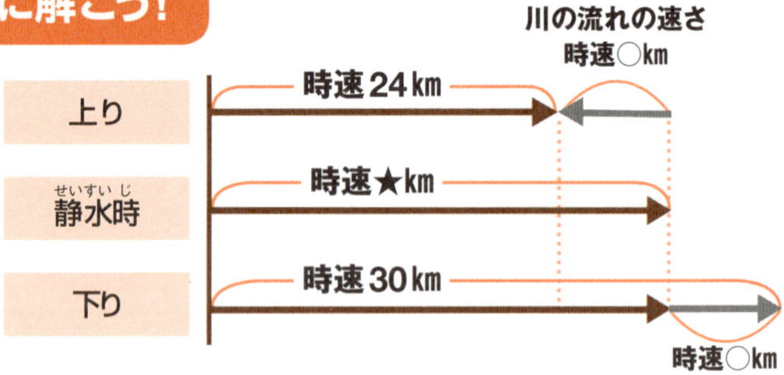

- 上り: 時速24km ← 川の流れの速さ 時速○km
- 静水時: 時速★km
- 下り: 時速30km → 時速○km

下りの速さから、上りの速さを引くと川の流れの速さ2つ分の長さの線になるね！

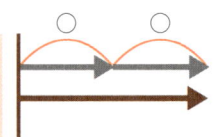

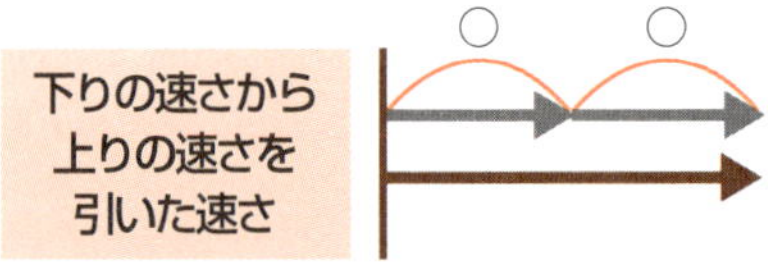

下りの速さから上りの速さを引いた速さ

（時速）30（km）−（時速）24（km）
→時速6km

川の流れの速さは、時速6kmを2でわって時速3kmだね！

静水時の速さは、上りの速さに川の流れの速さを加えるから
（時速）24（km）+（時速）3（km）で
時速27kmだね。

最初の船の静水時の速さは、分速200m。
時速にすると、（分速）200（m）×60（分）で
時速12000m（時速12km）。今の船は最初の船より、
（27−12）kmで時速15km速いよ。

第6章　流水算

流水算を解く図のかき方

● 船の速さをくらべる図をかいて、状況を整理する

船の上りの速さ、静水時の速さ、下りの速さを問題文から読みとって、図に表します。

● 川の流れの速さを考える

船の速さは、川の流れの速さに影響されます。上りの速さを求めるときは、静水時の速さから川の流れの速さを引き、下りの速さを求めるときは、川の流れの速さを足しましょう。静水時の速さは、下りの速さから上りの速さを引いて、川の流れの速さを考えてから求めましょう。

練習問題 16

ある船で、時速2kmの速さで流れる川を20km下ると、2時間かかります。この静水時の船の速さは時速何kmでしょう。

—— 下のスペースに、図をかいて問題を解こう！ ——

答え

静水時の速さは、船の上りの速さに川の流れの速さを足すか、船の下りの速さから川の流れの速さを引けば求められるよ。

→正解は151ページ

練習問題 17

第6章 流水算

静水時の速さが時速12kmの船で、ある川を80km下ったら、5時間かかりました。この船で同じ川を80km上ったら、何時間かかるでしょう。

―― 下のスペースに、図をかいて問題を解こう！ ――

答え

ヒント
川の流れの速さがわかれば、船の上りの速さがわかるよ。川の流れの速さを、先に求めよう。

→正解は152ページ

練習問題 18

36kmの川を上るのに6時間、下るのに3時間かかる船があります。この静水時(せいすいじ)の船の速さと川の流れの速さは、それぞれ時速何kmでしょう。

―― 下のスペースに、図をかいて問題を解(と)こう！ ――

答え

船の上りの速さと下りの速さから、川の流れの速さを先に求めよう。わからないときは、もう一度マンガを読み直してみてね。

→正解(せいかい)は 152 ページ

練習問題 19

24kmはなれた川のA地点からB地点へ行くのに2時間、B地点からA地点へ行くのに6時間かかる船があります。あるとき、A地点を出発して1時間後にエンジンが故障し、あとは川の流れに乗って進むことにしました。B地点に着くのは、出発して何時間後でしょう。

―― 下のスペースに、図をかいて問題を解こう！ ――

答え

ヒント
A地点とB地点の間で、川の流れがどちらに向かっているのかを考えよう。A地点とB地点のどちらが川上かによって、船の進む速さがちがうよ。

→正解は153ページ

第7章 通過算

列車や車などの乗りものが通り過ぎたり、乗りものどうしがすれちがったり、追いこしたりするときにかかる時間やきょり、速さを求める問題だよ。

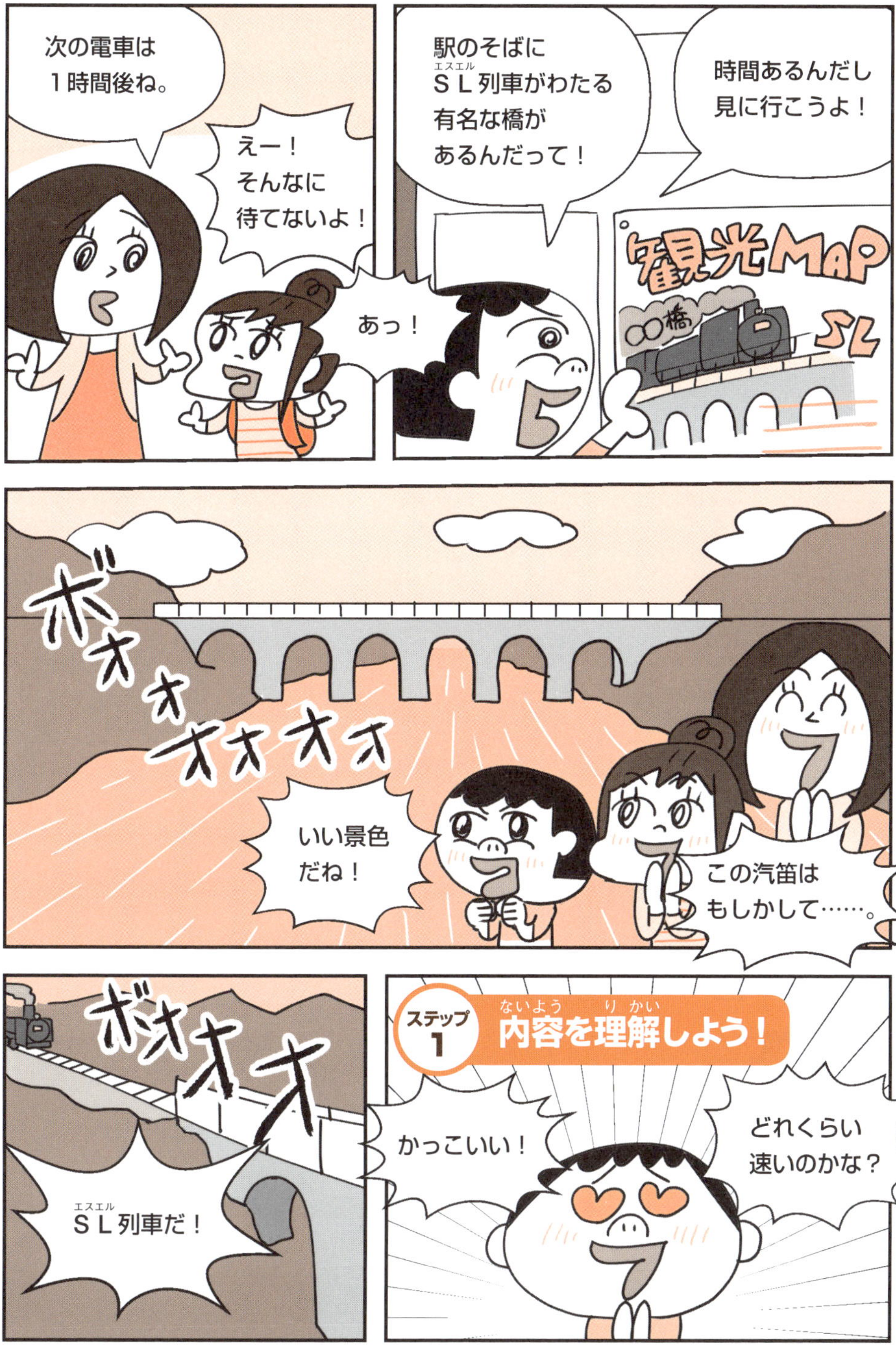

まず、SL列車がこの橋を何秒で通るか数えてごらん！

よ～し！

1、2
3、4……
11、12……
……15、16！

橋をわたるのに、16秒かかったよ！

パンフレットには、この橋の長さは160mで、SL列車全体の長さが80mと書いてあるわ！

それじゃあ、SL列車の速さはどれくらいかわかる？

第7章　通過算

ステップ2　図に整理しよう！

文章にすると

全長160mの橋があります。長さが80mのSL列車が、橋をわたり始めてからわたり終わるまでに16秒かかりました。列車の速さは、秒速何mでしょうか？

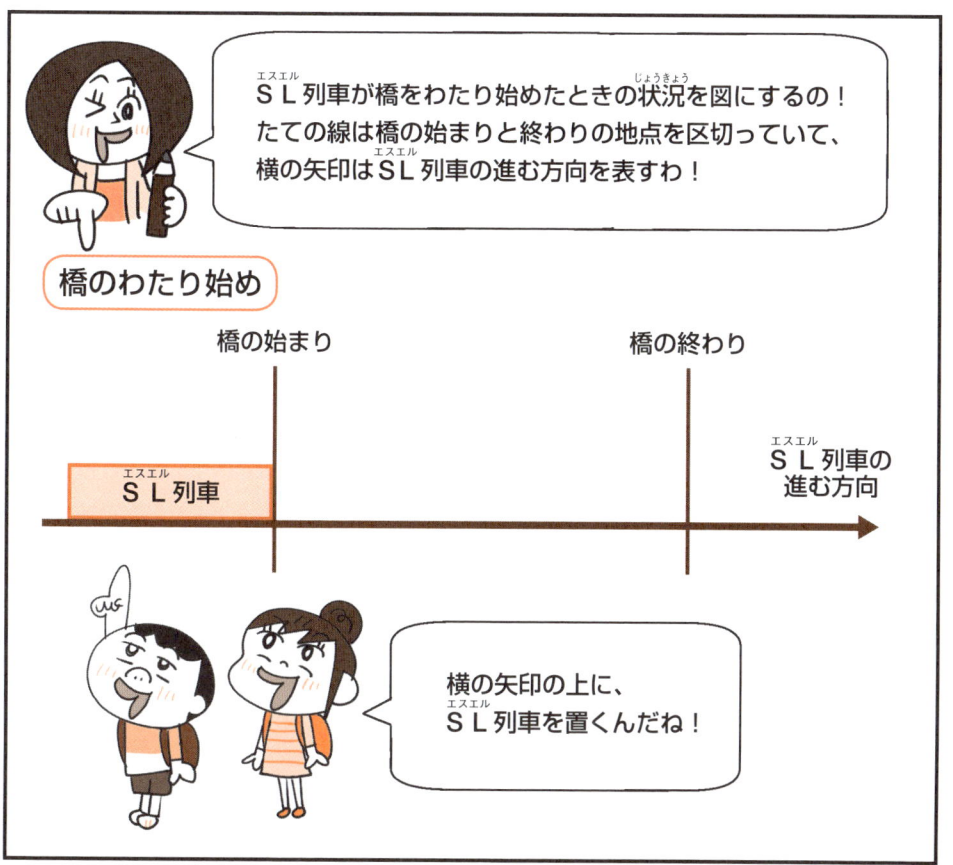

「わかる？」と言われてもな……。

どうすればいいの？

SL列車が橋をわたり始めたときの状況を図にするの！たての線は橋の始まりと終わりの地点を区切っていて、横の矢印はSL列車の進む方向を表すわ！

橋のわたり始め

橋の始まり　　　橋の終わり

SL列車　　　　　　　　　　　　SL列車の進む方向

横の矢印の上に、SL列車を置くんだね！

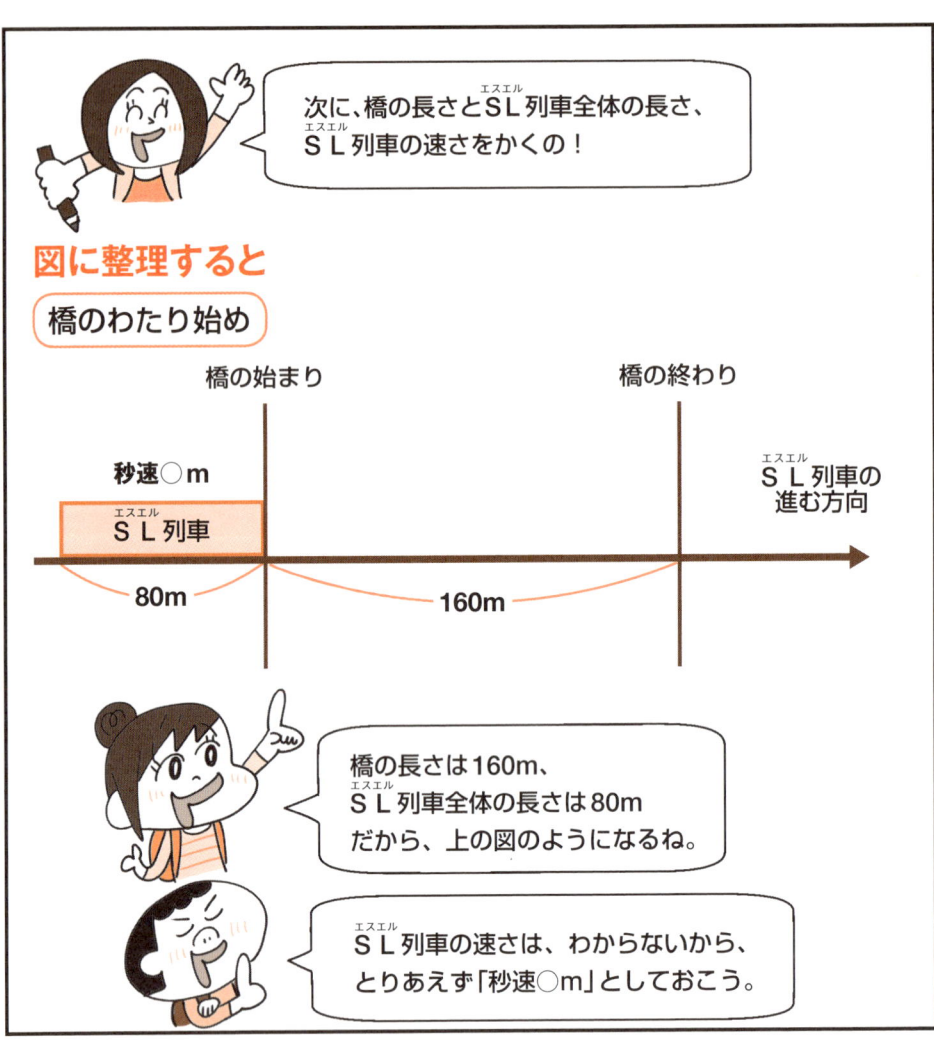

次に、橋の長さとSL列車全体の長さ、SL列車の速さをかくの！

図に整理すると

[橋のわたり始め]

橋の始まり　　　　　　　橋の終わり

秒速○m

SL列車

80m　　160m

SL列車の進む方向

橋の長さは160m、SL列車全体の長さは80mだから、上の図のようになるね。

SL列車の速さは、わからないから、とりあえず「秒速○m」としておこう。

ステップ3 いっしょに解こう！

わかったぞ！

16秒で160mの橋をわたったから、列車が1秒で進むきょりは……。

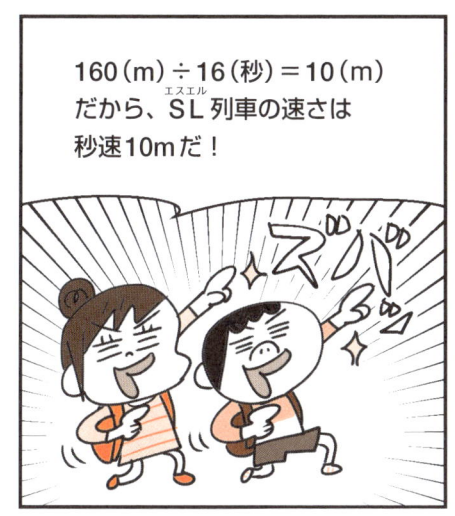

第7章　通過算

160(m) ÷ 16(秒) = 10(m)
だから、SL列車の速さは秒速10mだ！

おしい！
返し

SL列車は前からうしろまで80mもあるのよ！

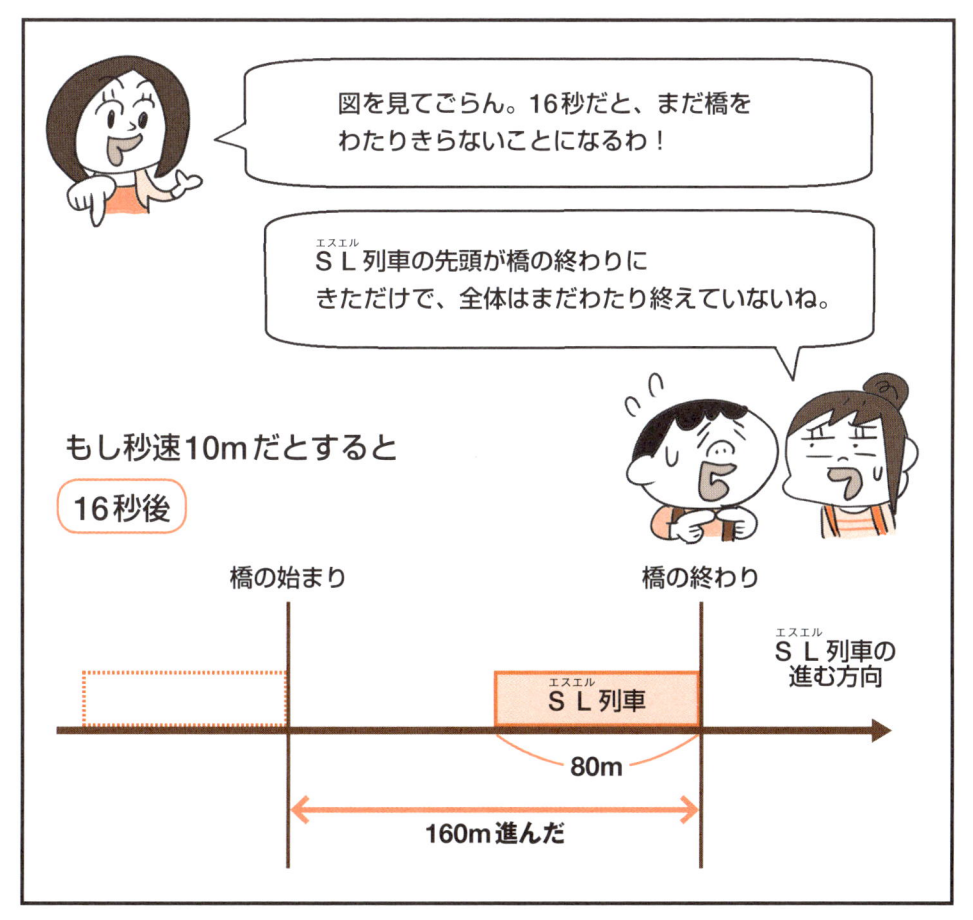

図を見てごらん。16秒だと、まだ橋をわたりきらないことになるわ！

SL列車の先頭が橋の終わりにきただけで、全体はまだわたり終えていないね。

もし秒速10mだとすると
16秒後

橋の始まり　　　　　　　　　　橋の終わり

SL列車の進む方向

SL列車
80m
160m進んだ

101

SL列車が橋をわたり終えるまでに進むきょりを考えるときは、SL列車全体の長さも入れるのよ！

ということは橋の長さ160mとSL列車全体の長さ80mを足して、240m進んだということだね！

解いてみると

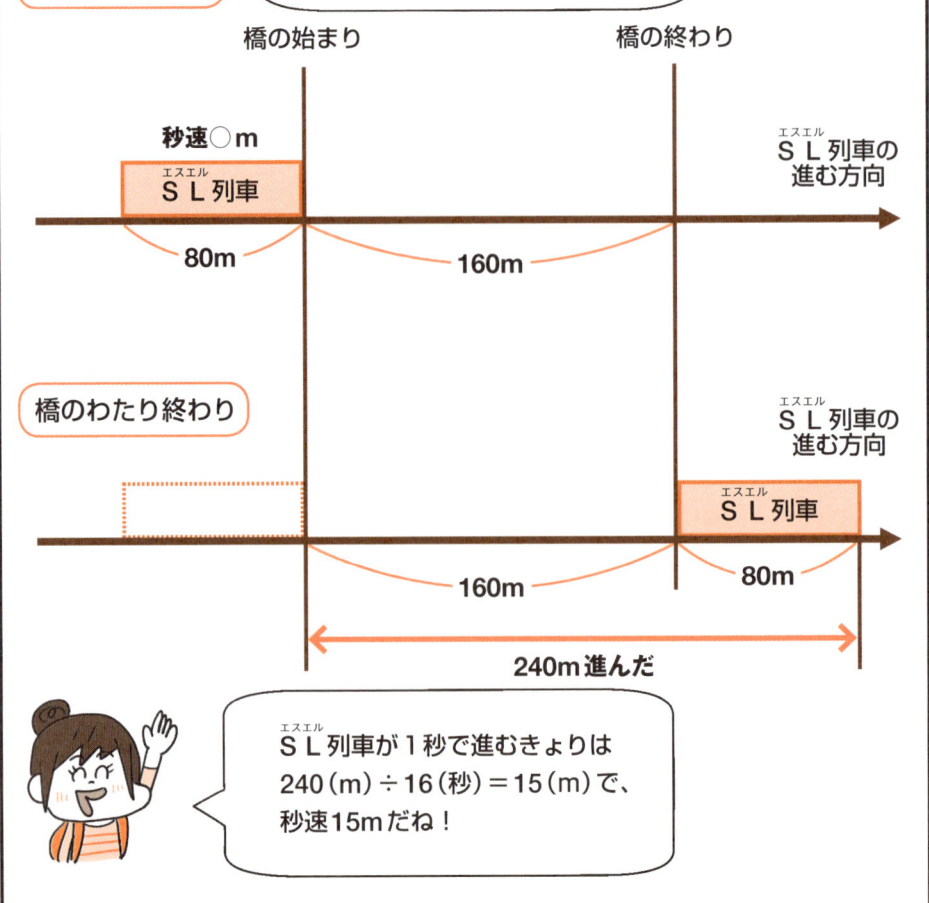

橋のわたり始め

橋の始まり　　　橋の終わり

秒速○m
SL列車　　　　　　　　　　　　SL列車の進む方向
80m　　160m

橋のわたり終わり

SL列車の進む方向
SL列車
160m　　80m

240m進んだ

SL列車が1秒で進むきょりは
240(m)÷16(秒)=15(m)で、
秒速15mだね！

第7章　通過算

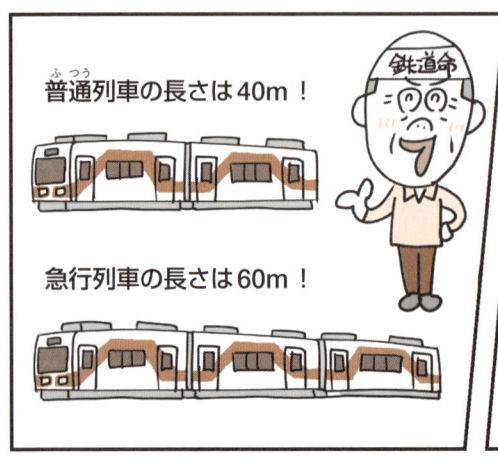

ステップ1 内容を理解しよう!

ガタン ゴトン

どんどん近づいているね。この列車は速いから、追いこせるんじゃない?

そうね!前を行く列車は普通列車だからこの急行列車なら追いこせると思うわよ。

じゃあ、追いついてから、どれくらいの時間で追いこせるのかな?

問題です

鉄道好きのおじいちゃんから聞いたんだけど

普通列車は秒速15m。急行列車はそれより少し速くて秒速20mで走っているそうよ。

急行がこうじゃ!!

鉄道命

ス、スゴイですねー

普通列車の長さは40m!

急行列車の長さは60m!

これだけで追いこせる時間がわかるのよ。

本当に〜?

第7章　通過算

文章にすると

長さ40mで、秒速15mの普通列車が走っています。このあと、長さ60mで、秒速20mの急行列車がやってきます。急行列車が普通列車に追いついてから、追いこすまでに何秒かかりますか？

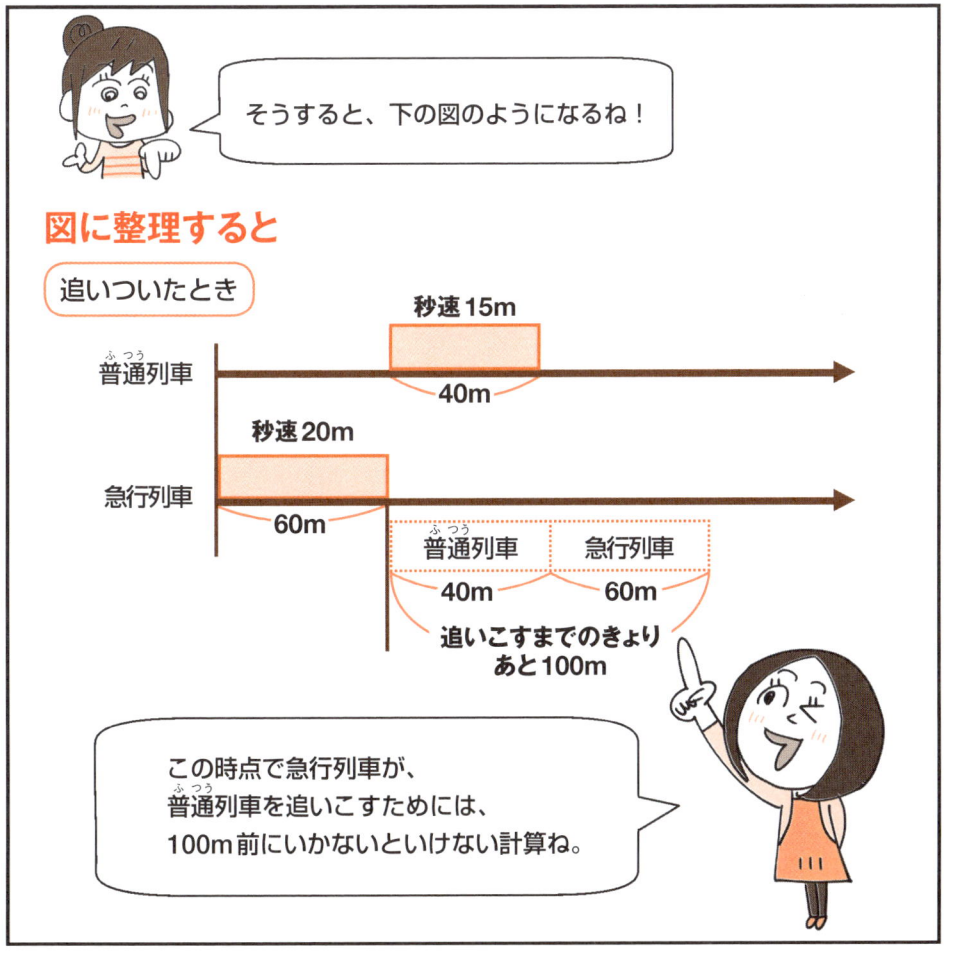

ステップ2　図に整理しよう！

まず、普通列車のうしろに、急行列車が追いついたときの状況を図にするのよ！

そうすると、下の図のようになるね！

図に整理すると

追いついたとき

普通列車　秒速15m　40m

急行列車　秒速20m　60m

普通列車 40m　急行列車 60m
追いこすまでのきょり あと100m

この時点で急行列車が、普通列車を追いこすためには、100m前にいかないといけない計算ね。

ステップ3 いっしょに解こう！

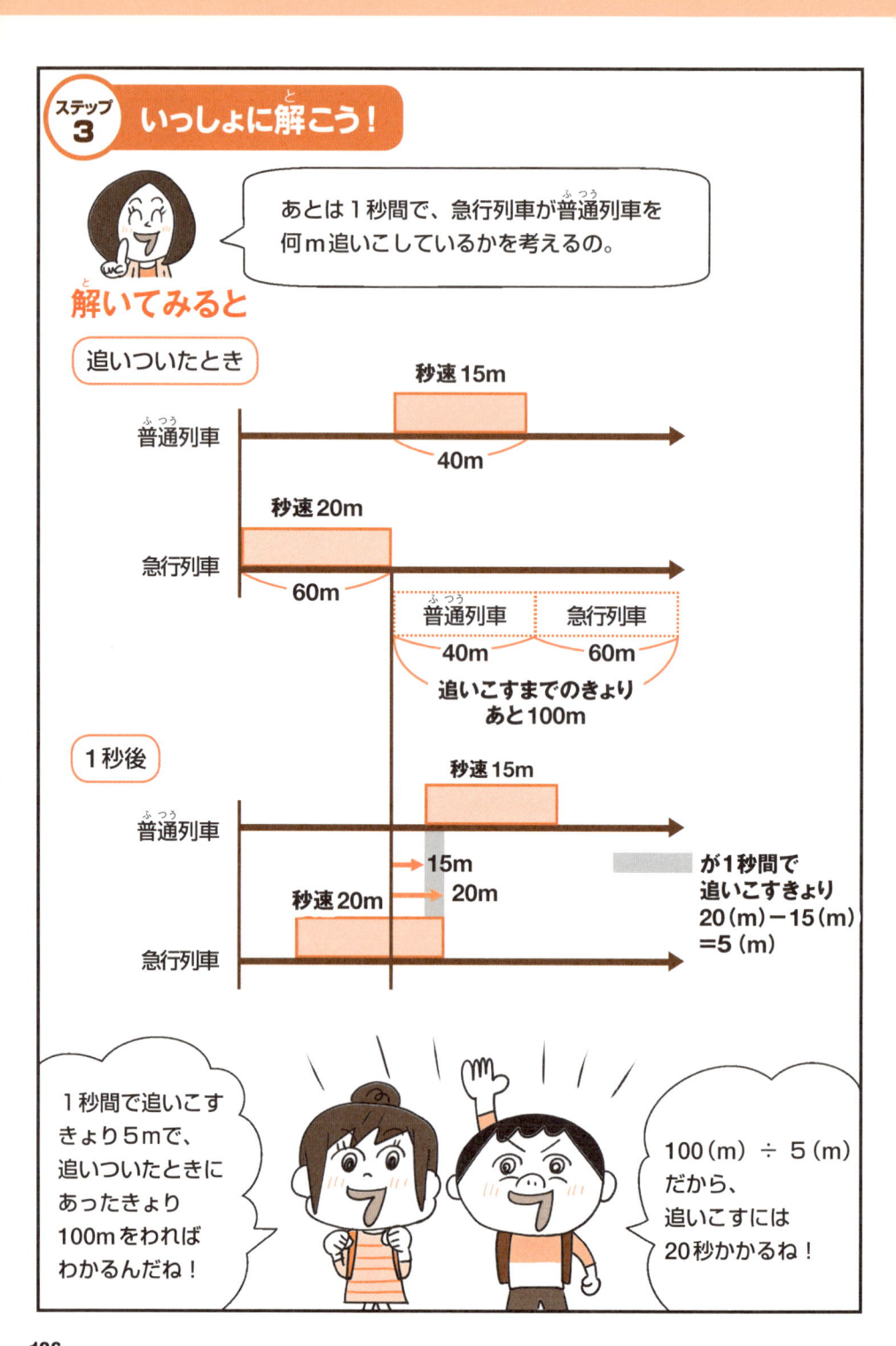

あとは1秒間で、急行列車が普通列車を何m追いこしているかを考えるの。

解いてみると

追いついたとき

普通列車　秒速15m　40m

急行列車　秒速20m　60m

普通列車 40m ／ 急行列車 60m
追いこすまでのきょり あと100m

1秒後

普通列車　秒速15m　→15m

急行列車　秒速20m　→20m

■ が1秒間で追いこすきょり
20(m)－15(m)＝5(m)

1秒間で追いこすきょり5mで、追いついたときにあったきょり100mをわればわかるんだね！

100(m)÷5(m)だから、追いこすには20秒かかるね！

106

第7章　通過算

> その通り！
> 次は川本町〜
> 坂山町には止まりません〜
> え？

> あら、やだ！
> これは特別急行だわ！
> おじいちゃんの家の駅を通過しちゃう！

コツ！ 通過算を解く図のかき方

●問題の状況を図に表す

橋をわたり始めたときや、前の列車に追いついたときなど、それぞれの状況を整理します。

●乗りもの全体の長さを考える

橋をわたるまでのきょりや、前の列車を追いこすために進むきょりの中には、乗りもの全体の長さも入れて考えましょう。

練習問題 20

時速72kmで走る列車が、1本の電柱を通りすぎるのに、5秒かかりました。この列車の長さは何mでしょう。

―― 下のスペースに、図をかいて問題を解こう！ ――

答え

電柱のはばは考えないで、図にしよう。時速を秒速に直すことを忘れないようにしてね!

→正解は153ページ

第7章 通過算

練習問題 21

時速108kmで走る長さ140mの列車が、鉄橋をわたり始めてからわたり終わるまでに、40秒かかりました。この鉄橋の長さは何mでしょう。

―― 下のスペースに、図をかいて問題を解こう！ ――

答え

鉄橋の長さはわからないから、★mに置きかえて図に表してみよう。

→正解は154ページ

練習問題 22

分速1.5kmで走る長さ185mの列車Aと、分速1.2kmで走る長さ220mの列車Bが、反対方向に走っています。ふたつの列車が出合ってからすれちがうまでに、何秒かかるでしょう。

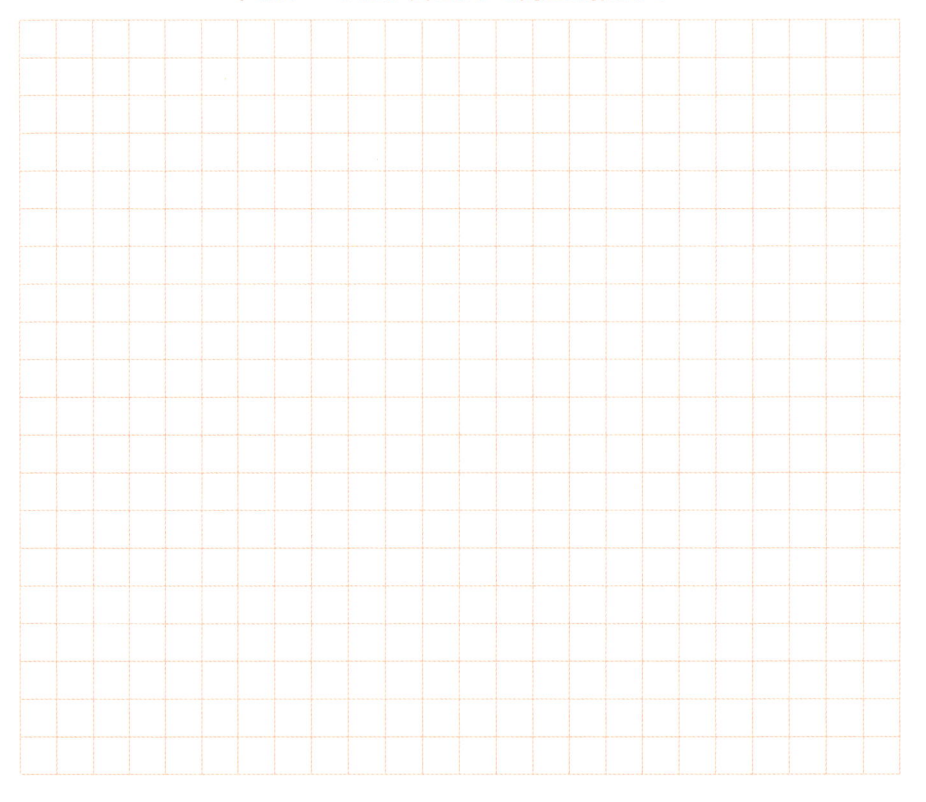

―― 下のスペースに、図をかいて問題を解こう！ ――

答え

ヒント
すれちがい始めたときと、すれちがい始めて1秒後の状況を図にしよう。すれちがうまでに必要なきょりは、列車Aと列車Bの長さを合わせたきょりだね。これを、1秒間で2つの列車がすれちがうきょりでわれば、すれちがいにかかる時間がわかるよ。

→正解は154ページ

第7章 通過算

練習問題 23

時速72kmで走る長さ230mの普通列車の後ろを、長さ250mの急行列車が走っています。この急行列車が普通列車に追いついてから追いこすまでに、32秒かかりました。急行列車の速さは、時速何kmでしょう。

―― 下のスペースに、図をかいて問題を解こう！ ――

答え

急行列車の速さは、わからないから時速★km（秒速○m）に置きかえよう。1秒間で急行列車が追いこすきょりは、「○－普通列車が1秒間で進むきょり」で表せるね。マンガと同じような図に表して考えてみよう。

→正解は 155 ページ

第8章 仕事算

ある仕事を何人かでしたとき、その仕事にかかる時間を求める問題だよ。

林間学校の1日目

カレーライスをつくりましょう！

お米係、野菜係、火起こし係に分かれてください。

ぼくたちは火を起こしてくる！材料の準備よろしく！

ぼくたちは野菜とお米をあらってこようよ！

第8章　仕事算

ステップ1 内容を理解しよう！

どうしたの？

さっき、野菜を落としたので……

これから、2人でもう1回野菜をあらいに行ってきます！

そしたら、野菜を早く切らなきゃ！

あたふた あたふた

そう。でも、早く材料を準備しないと、材料を煮る時間がなくなっちゃうわよ！

ヤバイ！

あわてないで。ななこさんも2人を手伝ってあげてね！

はい！

学校でカレーづくりの練習をしたとき、3人とも野菜を切るのに、どれくらい時間がかかったかな？

え〜っと…

第8章 仕事算

ぼくは24分でできたよ！

ぼくは36分。

わたしは18分！

3人で力を合わせればすぐに終わるわよ！

どれくらい時間がかかるのかな？

文章にすると

野菜を切るのに、ななこさんは18分、しょうや君は24分、げんき君は36分かかります。3人で野菜を切ると何分で終わりますか？

ステップ2 **図に整理しよう！**

切るものは、にんじん、じゃがいも、たまねぎ……。

それぞれの野菜を切る作業にどれくらい時間がかかるかわかりません。

こういうときは、野菜を切るのにかかるすべての作業を1つの大きな仕事と考えるの。そして、1分あたりでどれだけの仕事ができるかを図にするのよ！

全体の仕事量を「1」と考えると、ななこさんの場合は、このように図にできるわ！

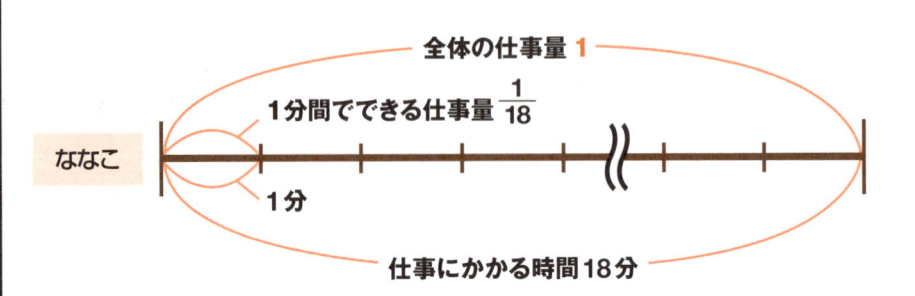

ななこ
- 全体の仕事量 1
- 1分間でできる仕事量 $\frac{1}{18}$
- 1分
- 仕事にかかる時間 18分

じゃあ、ぼくたちが1分間でできる仕事の量は、下のようになるね！

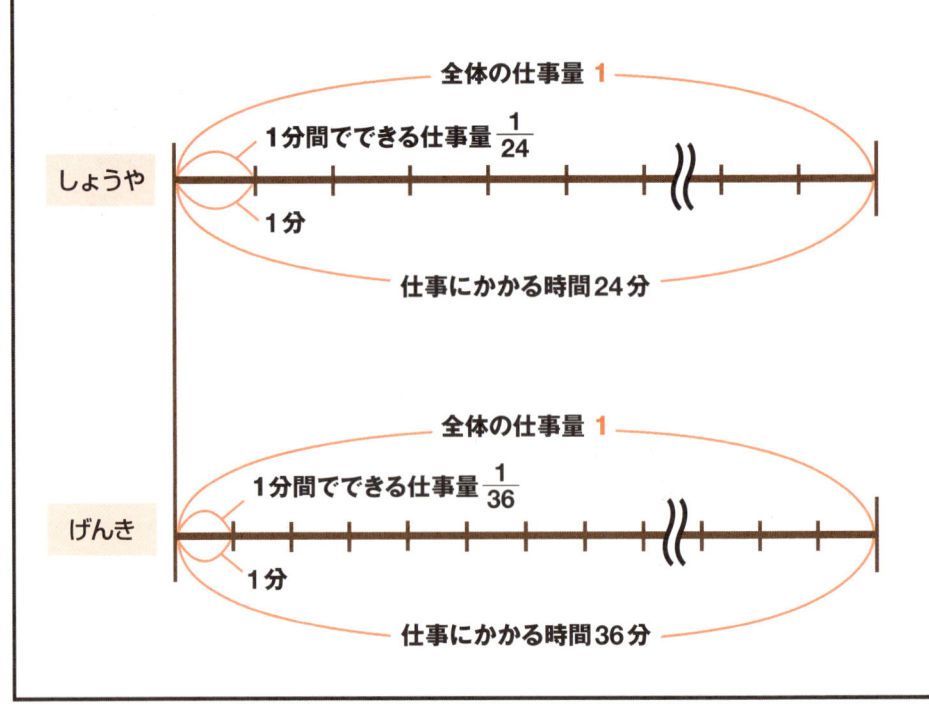

しょうや
- 全体の仕事量 1
- 1分間でできる仕事量 $\frac{1}{24}$
- 1分
- 仕事にかかる時間 24分

げんき
- 全体の仕事量 1
- 1分間でできる仕事量 $\frac{1}{36}$
- 1分
- 仕事にかかる時間 36分

第8章　仕事算

「3人の1分間でできる仕事量を足すといくつかな？」

「$\frac{1}{18}+\frac{1}{24}+\frac{1}{36}$だから、分母をそろえると
$\frac{4}{72}+\frac{3}{72}+\frac{2}{72}=\frac{9}{72}=\frac{1}{8}$ね！」

「仕事にかかる時間はわからないから
★分とすると、図はこうなるね！」

図に整理すると

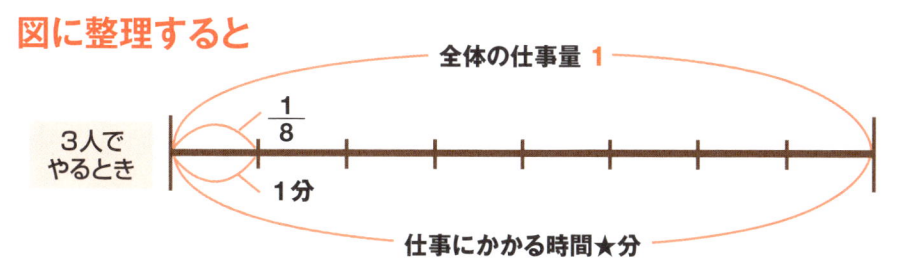

3人で
やるとき

全体の仕事量 1
$\frac{1}{8}$
1分
仕事にかかる時間★分

ステップ3　いっしょに解こう！

「あとは全体の仕事量を、3人で1分間にできる仕事量でわればいいのね！」

「$1\div\frac{1}{8}$ってことか……。
分数のわり算をするときは、分子と分母をさかさにしてかけ算するんだよね！」

そうすると、$1 \div \frac{1}{8} = 1 \times \frac{8}{1} = 8$
3人でやれば8分でできるのね！

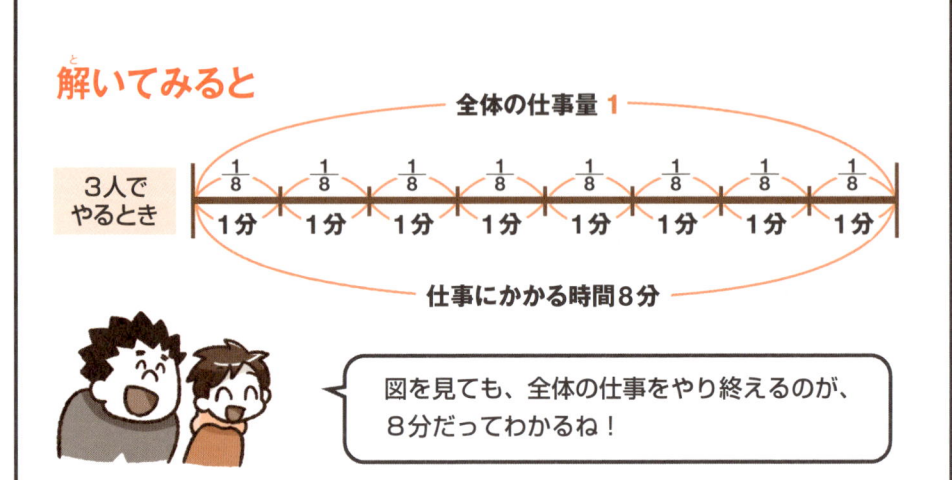

解いてみると

全体の仕事量 1

3人でやるとき： $\frac{1}{8}$ | $\frac{1}{8}$ | $\frac{1}{8}$ | $\frac{1}{8}$ | $\frac{1}{8}$ | $\frac{1}{8}$ | $\frac{1}{8}$ | $\frac{1}{8}$
1分 | 1分 | 1分 | 1分 | 1分 | 1分 | 1分 | 1分

仕事にかかる時間8分

図を見ても、全体の仕事をやり終えるのが、8分だってわかるね！

1時間後

やったあ！カレーが完成したぞ！

今からよそうね！

いただきまーす！

第8章　仕事算

ステップ1　内容を理解しよう！

ぼくは、なべと飯ごうをあらう係だよ！

そうだ！あとかたづけの役割を確認しておこうよ。

わたしとげんき君も、なべと飯ごうをあらう係ね！

わたしとしょうや君は食器をあらう係！

30分後

ごちそうさまでした！

げんき君、あくびをしていないでちゃんとやってよ！

おなかいっぱいでねむい……。

かまどの熱も少し冷めてきたから、かまどのかたづけも始めるよ。
火起こし係はきてね！

はい！

「わたしとたくや君でなべはあらったから、あとはげんき君がやっておいてね！」

「え！ ぼく1人だけじゃどれだけ時間がかかるかわからない。手伝ってよ！」

「だいじょうぶ。学校でカレーづくりをしたあとに、かたづけもしたでしょ！」

「そのときは、あらい終えるのに3人で20分かかったんだ。ぼくだけだと倍の40分はかかっちゃうよ～！ぼくだけじゃ終わらないよ！」

「3人であらい始めたのは、いつかわかる？」

「たしか15分前からです。」

「それならだいじょうぶ。げんき君1人でも、時間はあまりかからないわ。」

「え？ 本当？」

文章にすると

なべと飯ごうをあらうのに、3人で20分、げんき君だけでやると40分かかります。この仕事を、はじめの15分は3人で、その後げんき君が1人でするとき、げんき君はこの仕事をあと何分で終えられますか？

第8章　仕事算

ステップ2 図に整理しよう！

さっきと同じように、なべと飯ごうをあらう全体の仕事量を「1」として考えてみるのよ。

1分あたりで、どれくらい仕事ができるのかを、それぞれ考えると下のようになるね。

3人でやるとき
- 全体の仕事量 1
- 1分間でできる仕事量 $\frac{1}{20}$
- 1分
- 仕事にかかる時間 20分

げんき
- 全体の仕事量 1
- 1分間でできる仕事量 $\frac{1}{40}$
- 1分
- 仕事にかかる時間 40分

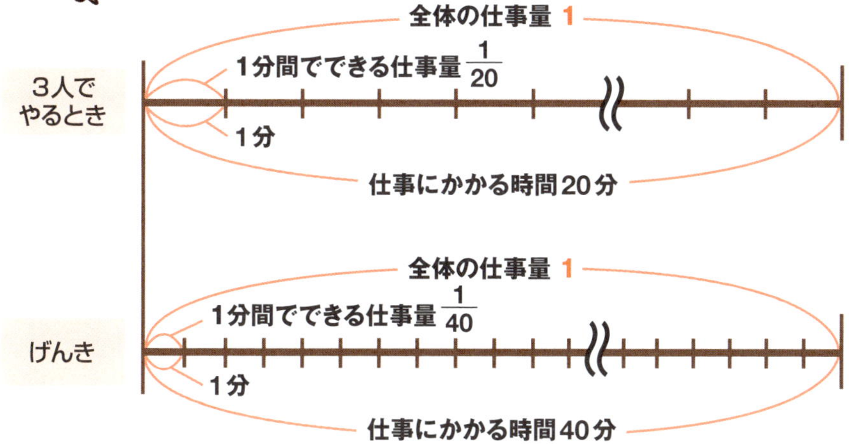

3人で15分間した仕事量を、全体の仕事量から引いた量が残りの仕事量ね。

図に整理すると

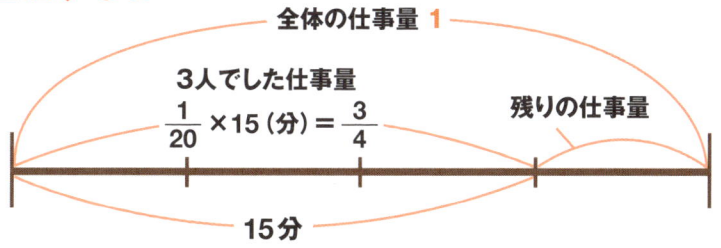

- 全体の仕事量 1
- 3人でした仕事量 $\frac{1}{20} \times 15 (分) = \frac{3}{4}$
- 残りの仕事量
- 15分

ステップ 3 いっしょに解こう！

ぼくが1人でやる仕事量は $\frac{1}{4}$ か！
$\frac{1}{4}$ を、ぼくが1分間でできる仕事量 $\frac{1}{40}$ でわればいいんだね。

解いてみると

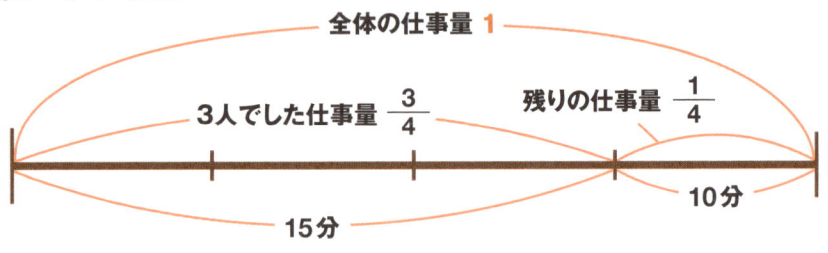

全体の仕事量 1

3人でした仕事量 $\frac{3}{4}$　　残りの仕事量 $\frac{1}{4}$

15分　　10分

分数のわり算をするときは、分子と分母を逆にしてかけ算するから
$$\frac{1}{4} \div \frac{1}{40} = \frac{1}{4} \times \frac{40}{1} = 10$$

ぼくだけで、残りの仕事を10分で終えられるってことか！

その通り！がんばってね。

なんとか、あらい終えた！

第8章　仕事算

仕事算を解く図のかき方

● 全体の仕事量を「1」として考える

ある仕事をするときには、全体の仕事量を「1」として図に表します。

● 1回にかかる1人分の仕事量を考える

1分間や1時間など、決まった時間内にどれくらい仕事ができるかを、図に表します。

123

練習問題 24

ある仕事をするのに、いくおくん1人では20日間、なおこさん1人では30日間かかります。この仕事を2人で同時にやったら、何日で終わるでしょうか。

―― 下のスペースに、図をかいて問題を解こう！ ――

答え

まず、全体の仕事量を「1」として考えて、それぞれが1日にできる仕事量を求めよう。

→正解は155ページ

第8章　仕事算

練習問題 25

AとB、2つの水道を同時に使って水をためると、20分でいっぱいになる水そうがあります。Aだけを使ってこの水そうに水をためたら、36分でいっぱいになりました。では、Bだけだと何分でいっぱいになるでしょう。

―― 下のスペースに、図をかいて問題を解こう！ ――

答え

2つの水道ができる仕事量から、Aの水道ができる仕事量を引けば、Bの水道ができる仕事量がわかるよ。

→正解は156ページ

練習問題 26

ある仕事をするのに、かずひこ君1人では4時間、はるみさん1人では6時間かかります。この仕事を、半分はかずひこくん1人でやり、残りは2人同時にやったら、全部で何時間何分かかるでしょう。

―― 下のスペースに、図をかいて問題を解こう！ ――

答え

かずひこ君とはるみさんの、1時間でできる仕事量をそれぞれ求めよう。最初の半分にかかった時間を○時間、残りの半分にかかった時間を△時間として考えて、図に表そう。

→正解は156ページ

第8章 仕事算

練習問題 27

あきら君1人でやると10日間、しろう君1人でやると15日間かかる仕事があります。この仕事に2人でとりかかったのですが、しろう君は何日か休んでしまい、仕事が終わるのに8日間かかりました。しろう君が休んだのは何日でしょう。

―― 下のスペースに、図をかいて問題を解こう！ ――

答え

ヒント
仕事全体を「1」として考えて、2人が休まずに8日間仕事をしたら、仕事量は「1」より多くなるよ。「1」をこえた分の仕事量が、しろう君が休んだためにできなかった分の仕事量だね。

→正解は157ページ

第9章 濃度算

食塩水にとけている食塩の量の割合（濃度）や、食塩水の重さ、加える水の量などを求める問題だよ。

夏休み

食塩水にはものをうかせる力があります。卵を食塩水にうかせてみましょう！

へぇ〜

もぐもぐ

自由研究特集!!

本当にうくのかな？
そうだ！　今年の自由研究は塩について調べてみようよ！

いいわよ！

ねぇ、お母さん！自由研究で塩を使った実験をしたいのだけど……。

第9章　濃度算

塩と卵1こ、ちょうだい！

どうやって実験しようか？

必要なものや、やり方をまず本で調べてみよう！

いいけど、どれくらい塩を使うのか、まず計画しなさいね。

ステップ1　内容を理解しよう！

あ、これだ！
なになに、塩を30g準備するんだって！

「15パーセントの食塩水をつくり、卵を中に入れて観察する」とあるわ！

そしたら、どうするの？

129

どれくらいの食塩水が必要かな？
準備する水の量も知りたい……。

文章にすると
30gの食塩で15パーセントの食塩水をつくります。食塩水は何gになりますか？ また、水は何g準備すればよいでしょうか？

ステップ2 図に整理しよう！

パーセントを説明する前に、まず割合を知っているかな？

ところで「パーセント」って何？

えへ〜

わたしも苦手で、よくわからないからお母さん教えて！

割合は、もとにする量を「1」として考えたときに、くらべる量がもとにする量の何倍になるかを表すものよ。

このチラシを見よ〜！

どん？！

A店 B店 C店

割合？

？

わからない。

第9章　濃度算

たとえば、A店のリンゴが120円、B店のリンゴが240円、C店のリンゴが60円とするね。
A店のリンゴの値段をもとにすると
B店は2倍、C店は半分（0.5倍）よ！

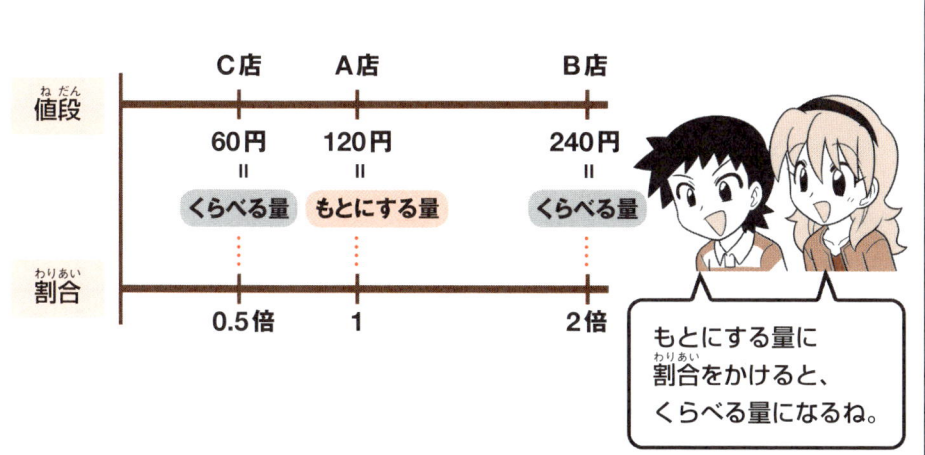

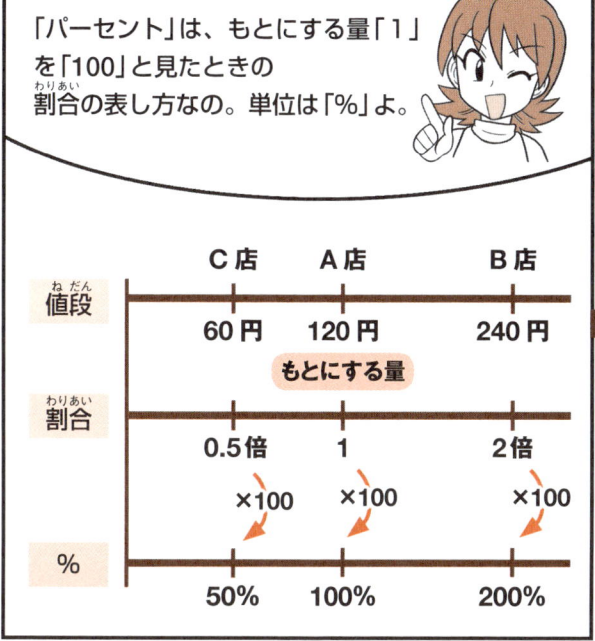

	C店	A店	B店
値段	60円	120円	240円
	＝	＝	＝
	くらべる量	もとにする量	くらべる量
割合	0.5倍	1	2倍

もとにする量に割合をかけると、くらべる量になるね。

「パーセント」は、もとにする量「1」を「100」と見たときの割合の表し方なの。単位は「％」よ。

食塩水の量と％の関係を図にまとめよう！

	C店	A店	B店
値段	60円	120円	240円
		もとにする量	
割合	0.5倍	1	2倍
	×100	×100	×100
％	50％	100％	200％

食塩水の量がわからないから、
○gとして考えよう。
食塩水全体の量を1本の線で表したら、
その線を食塩と水の量に分けるのよ。

図に整理すると

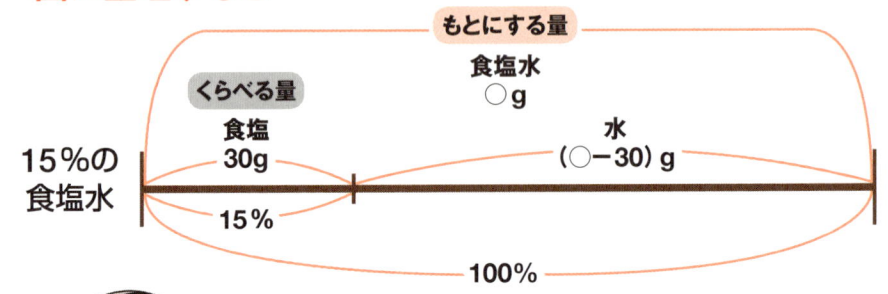

15%の食塩水

もとにする量
食塩水 ○g
くらべる量
食塩 30g
水 (○−30) g
15%
100%

食塩水の量を100%として、
食塩が15％になるんだから、
上のようにかけるね。

ステップ3 いっしょに解こう！

食塩水をもとにする量と考えて、
くらべる量が食塩だね。
食塩は食塩水の
15％ということは……

量	食塩30g	食塩水○g
％	15%	100%

食塩水に15%
かければいいね！

○(g) × 15 = 30 (g)
　　○ = 30 ÷ 15
　　○ = 2

ってあれ？
食塩水が食塩より
軽いよ？

132

第9章　濃度算(のうどざん)

%というのは、もとにする量「1」を「100」として見たときの割合(わりあい)の表し方だということを覚えているかな？

%を計算するときには、もとにする量を「1」にしたときの値に直さなきゃ！

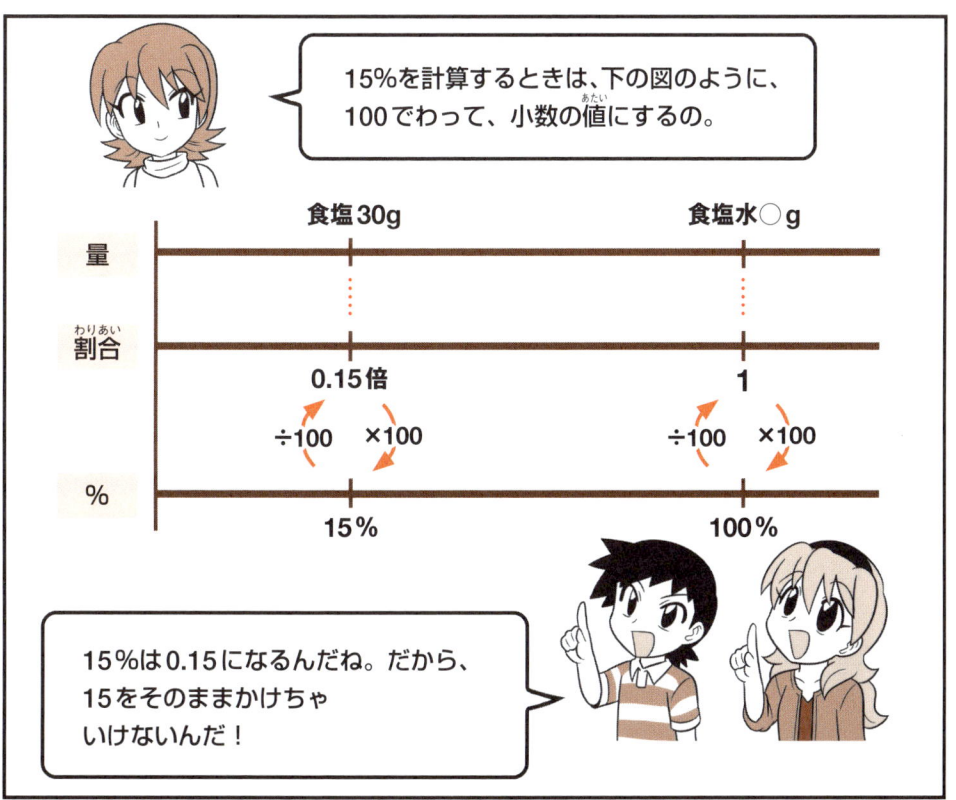

15%を計算するときは、下の図のように、100でわって、小数の値(あたい)にするの。

	食塩30g	食塩水○g
量		
割合(わりあい)	0.15倍	1
	÷100　×100	÷100　×100
%	15%	100%

15%は0.15になるんだね。だから、15をそのままかけちゃいけないんだ！

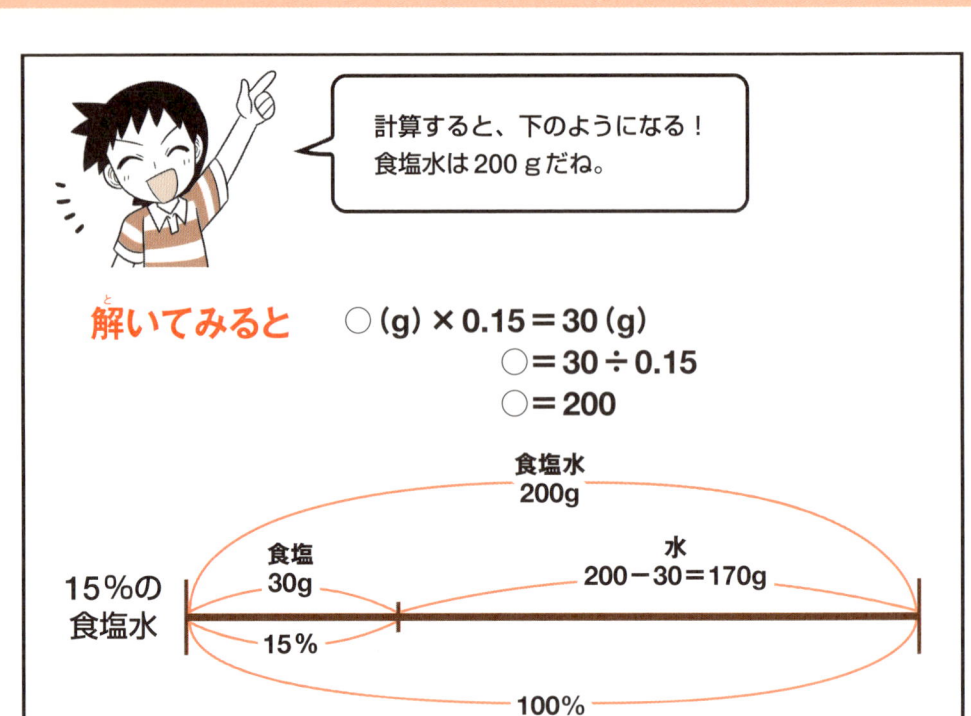

「計算すると、下のようになる！
食塩水は200gだね。」

解いてみると

○ (g) × 0.15 ＝ 30 (g)
○ ＝ 30 ÷ 0.15
○ ＝ 200

15％の食塩水

食塩水 200g
食塩 30g
15％
水 200－30＝170g
100％

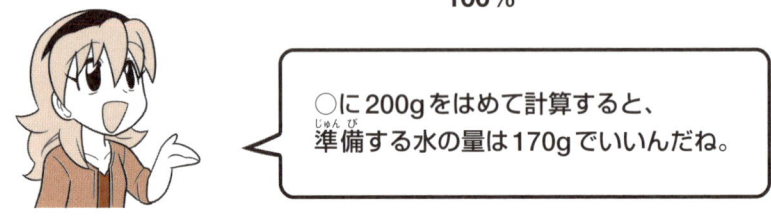

「○に200gをはめて計算すると、
準備する水の量は170gでいいんだね。」

うぃた!! ぷか〜

「もっと15％の
食塩水をつくって、
いろいろなものを
うかしてみようよ！」

「いいね！
ぼくもやって
みたい実験を
思いついたから、
あとで
手伝ってね！」

第9章　濃度算

ステップ1 内容を理解しよう！

2人とも、実験の続きはあとにして、お昼をつくるの手伝って！

はーい！

あら、ずいぶん食塩水をつくったのね。

うん！

それじゃ、この食塩水を少し分けてくれる？パスタをゆでるのに使いたいの！

がんばってつくったのに！

200gだけでいいから！

それだけで足りるの？

パスタをゆでるときのお湯は1％の食塩水がいいのよ。水を足して使うからだいじょうぶ！

文章にすると

15％の食塩水200gに水を加えて、1％の食塩水をつくります。水を何g加えればよいでしょうか？

どれくらい水を足せばいいかわかる？

うーん…

ステップ2 図に整理しよう！

まず、15％の食塩水200gに、食塩が何gとけているかは、わかっているわね。

うん！30gの食塩がとけているよね！

えーと…

それじゃあ、食塩水の量と％の関係を図にしてみるわよ！

第9章　濃度算

濃度算を解く図のかき方

●食塩水の量と、とけている食塩の割合の関係を考える

問題文を読み、食塩水と、とけている食塩、水の量を図に表します。そのあと、食塩水を100％としたときに、食塩は何％なのかを図にかきこみます。量や食塩のとけている割合が、わからないものは、○に置きかえましょう。

●もとにする量を「1」としたときの、くらべる量の割合で考える

％の値はもとにする量を「100」としたときのものです。かならず100でわって、もとにする量を「1」にしてから計算しましょう。

練習問題 28

6%の食塩水を150gつくりたいとき、水は何g必要でしょう。

—— 下のスペースに、図をかいて問題を解こう！ ——

答え

水の量ではなく、食塩の量を○gと考えて、図に表してみよう。

→正解は157ページ

第9章 濃度算

練習問題 29

3％の食塩水400gに水を加えたら、濃度が2％になりました。加えた水は何gでしょう。

―― 下のスペースに、図をかいて問題を解こう！ ――

答え

3％の食塩水に、食塩がどれだけ入っているかを求めよう。そのあとに、加えた水を○gとして、つくろうとしている食塩水の量と％の関係を図に表そう。

ヒント

→正解は158ページ

練習問題 30

8％の食塩水200gから水を蒸発させて、10％の食塩水をつくります。水を何g蒸発させればよいでしょう。

―― 下のスペースに、図をかいて問題を解こう！ ――

答え

> **ヒント**
> 8％の食塩水に、食塩がどれだけ入っているかを求めよう。そのあとに、蒸発させる水を○gとして、つくろうとしている食塩水の量と％の関係を図に表すよ。

→正解は158ページ

練習問題 31

2%の食塩水250gと、10%の食塩水150gをまぜたら、何%の食塩水になるでしょう。

―― 下のスペースに、図をかいて問題を解こう！ ――

答え

ヒント
はじめに、2%の食塩水と10%の食塩水に、それぞれ食塩が何gとけているのかを求めよう。

→正解は159ページ

答えのページ

練習問題1　答え：6歳

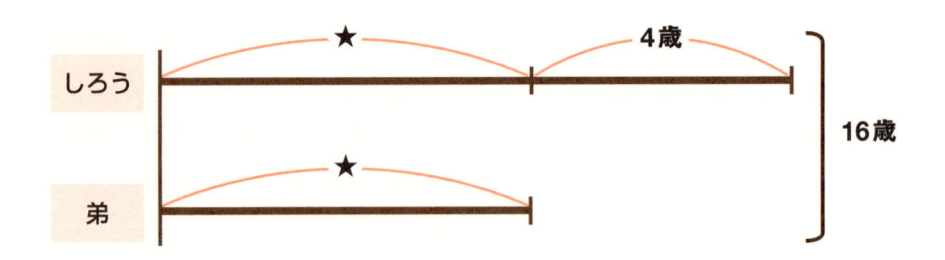

2人の年齢を合わせた数から4を引き、★だけにして計算すると、

★×2＝16－4
　★＝12÷2＝6
となります。

練習問題2　答え：60cm

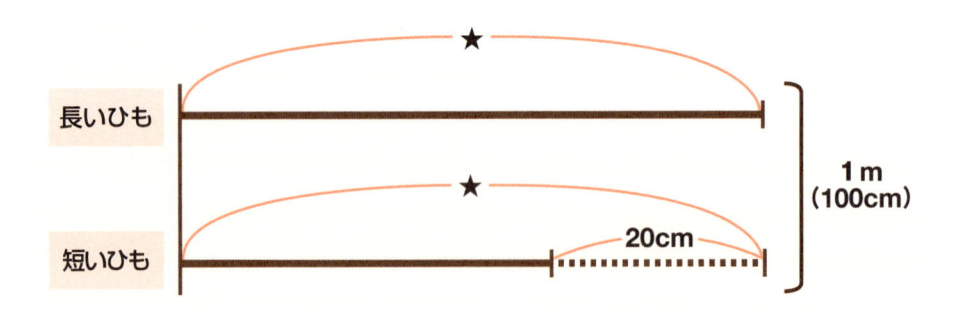

ひも全体の長さに20cmを足して、★だけにして計算すると、

★×2＝100＋20
　★＝120÷2＝60→60cm
となります。

練習問題3 答え：ア＝48、イ＝34

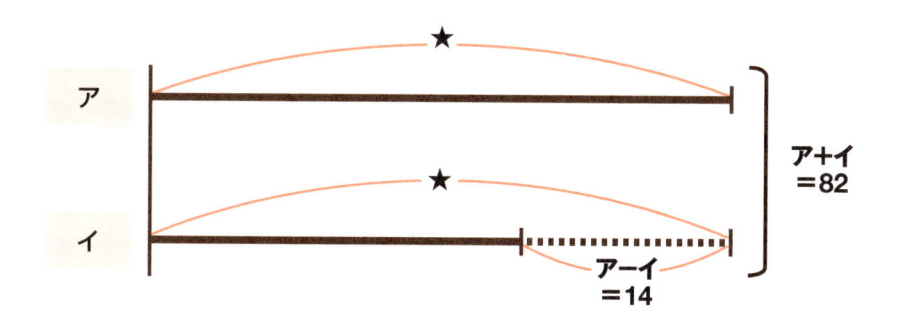

アとイの合計の数に14を足して、
★だけにして計算すると、
★×2＝82＋14

★＝96÷2＝48
で、アは48になります。
イは48－14で、34です。

練習問題4 答え：20本

くいの数と間かくの数の関係を表す図

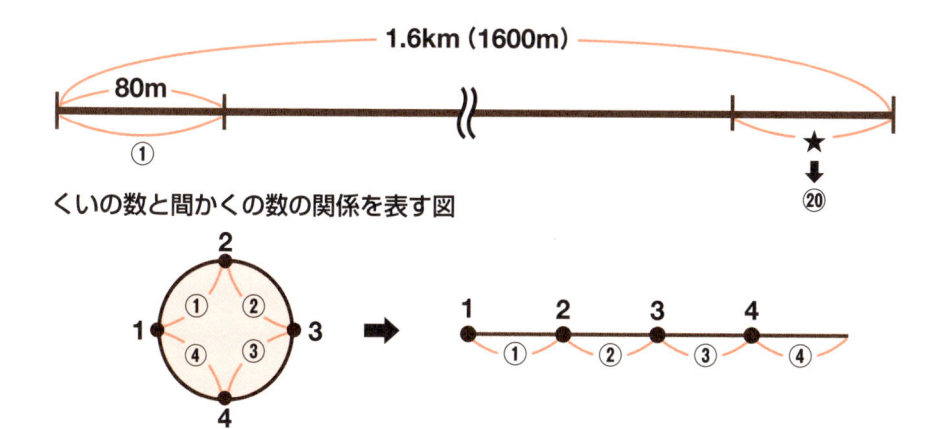

間かくの数を★に置きかえると、
間かくの数は
1600÷80＝20
になります。くいの数と間かくの数の関係を表す図から、くいと間かくの数は同じなので、くいの数は20本です。

> 答えのページ

練習問題5　答え：1.2km

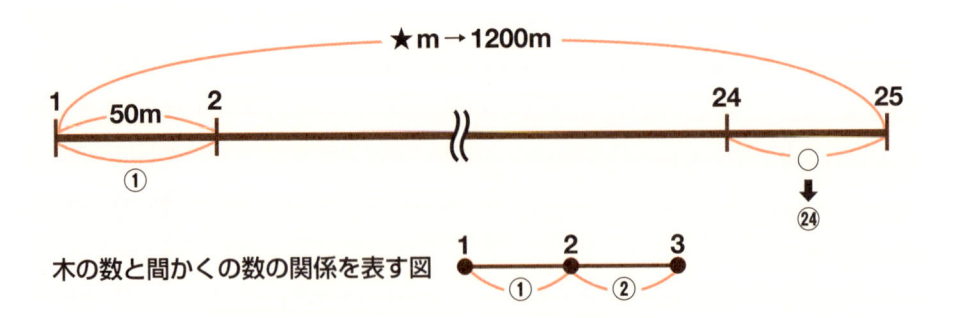

道路の長さを★mに、間かくの数を○に置きかえます。木の数と間かくの数の関係を表す図から、間かくの数は木の数より1少ないとわかります。このことから、全体の長さは、

50×24＝1200（m）　→1.2km

になります。

練習問題6　答え：62cm

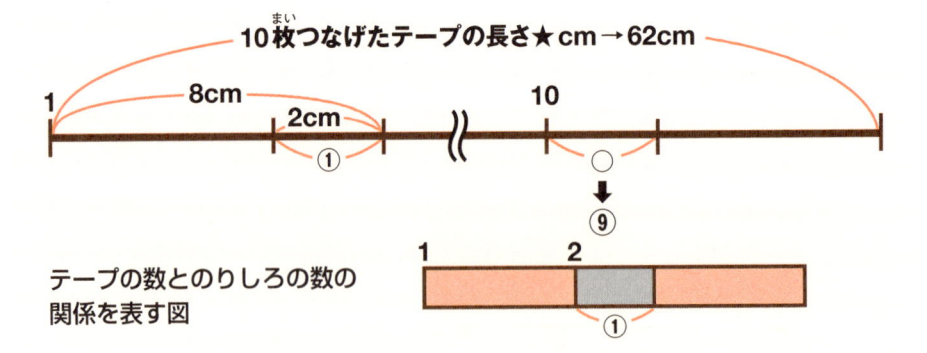

10枚つなげたテープの長さを★cmに、のりしろの数を○に置きかえます。テープの数とのりしろの数の関係を表す図から、のりしろの数はテープの数より1つ少ないとわかります。テープ10枚の長さからのりしろ9つ分引いた数が、テープを10枚つなげたときの長さになるので、

8×10－2×9＝80－18
　　　　　　　＝62　→62cm

になります。

146

練習問題7　答え：14問

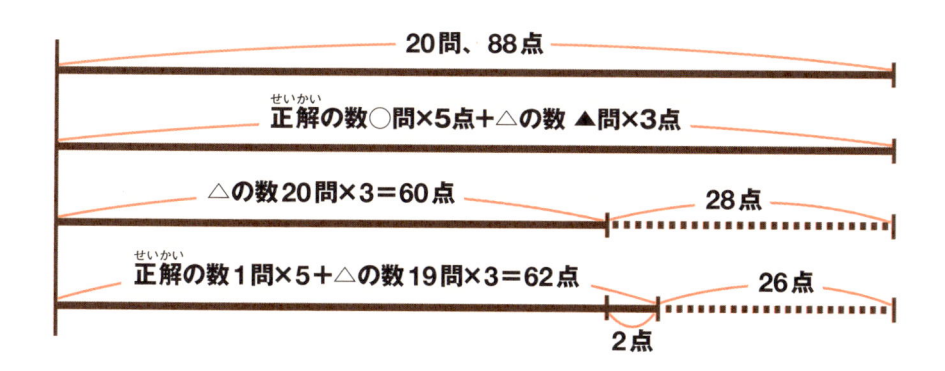

```
|──────── 20問、88点 ────────|
  |── 正解の数○問×5点＋△の数 ▲問×3点 ──|
  |── △の数20問×3＝60点 ──|── 28点 ──|
  |── 正解の数1問×5＋△の数19問×3＝62点 ──|2点|── 26点 ──|
```

20問すべて△の数に置きかえると、図のように28点少なくなります。△の数1問を、正解の数1問に置きかえると2点ずつふえることから、

2×○＝28
　　○＝28÷2＝14
となります。

練習問題8　答え：83枚

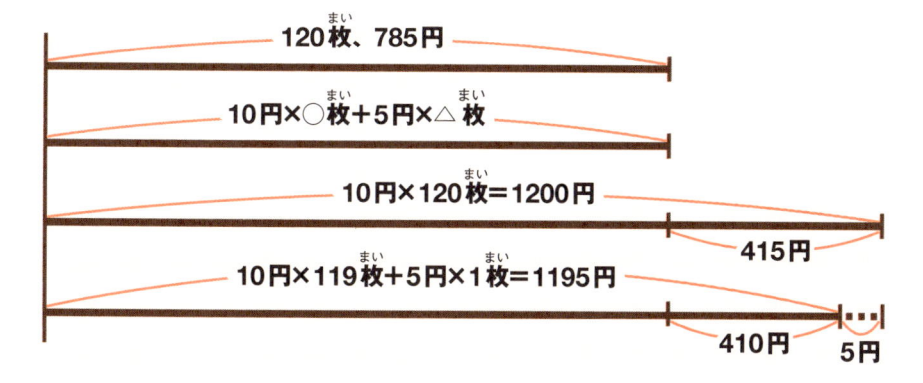

```
|──────── 120枚、785円 ────────|
  |── 10円×○枚＋5円×△枚 ──|
  |── 10円×120枚＝1200円 ──|── 415円 ──|
  |── 10円×119枚＋5円×1枚＝1195円 ──|── 410円 ──|5円|
```

120枚すべて十円玉の数に置きかえると、図のように415円多くなります。十円玉1枚を、五円玉1枚に置きかえると5円ずつへることから、

5×△＝415
　　△＝415÷5＝83
となります。

答えのページ

練習問題 9　答え：480m

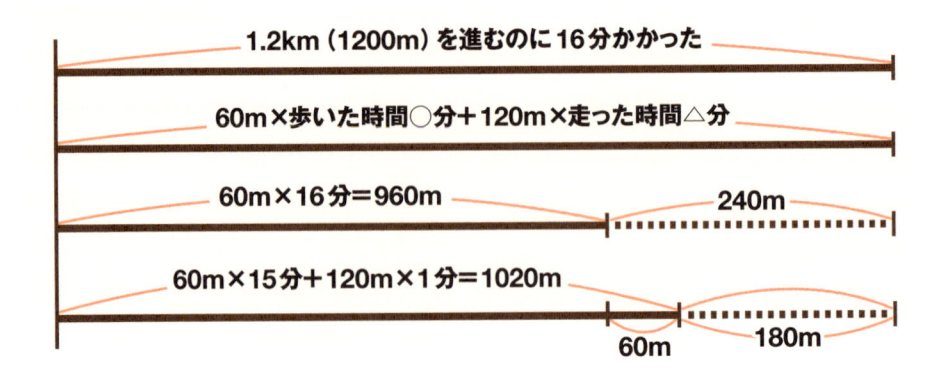

```
1.2km (1200m) を進むのに16分かかった
60m×歩いた時間○分＋120m×走った時間△分
60m×16分＝960m                    240m
60m×15分＋120m×1分＝1020m
                              60m   180m
```

1.2kmの道をすべて歩いた時間に置きかえると、図のように240m進んだきょりが短くなります。歩いた時間1分を、走った時間1分に置きかえると60mずつ進んだきょりが長くなることから、

60×△＝240
　△＝240÷60＝4
で走った時間は4分、走ったきょりは
　120×4＝480　→480m
になります。

練習問題 10　答え：39枚

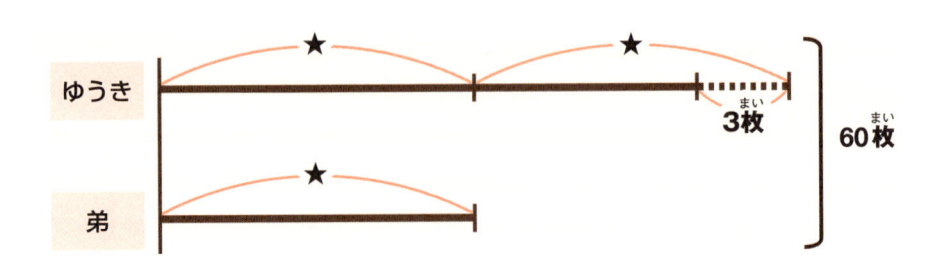

```
ゆうき　★　　★
                   3枚    60枚
弟　　　★
```

2人のシールの枚数の合計に3を足し、★だけにして計算すると、弟の枚数は
　★×3＝60＋3

★＝63÷3＝21
となります。ゆうきの枚数は
　21×2－3＝39
になります。

練習問題11　答え：145cm

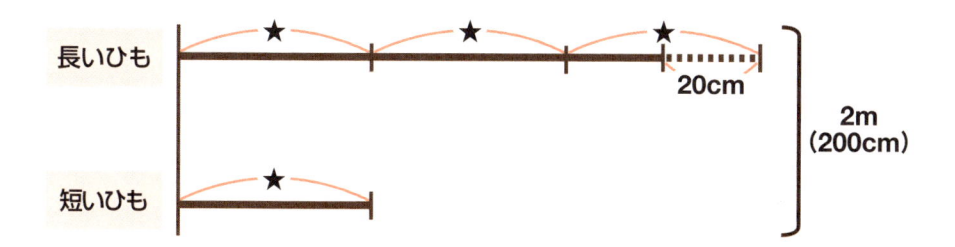

ひも全体の長さに、20を足し、★だけにして計算すると、短いひもの長さは
★×4＝200＋20

★＝220÷4＝55　→55cm
となります。長いひもの長さは
　55×3－20＝145　→145cm
になります。

練習問題12　答え：1100円

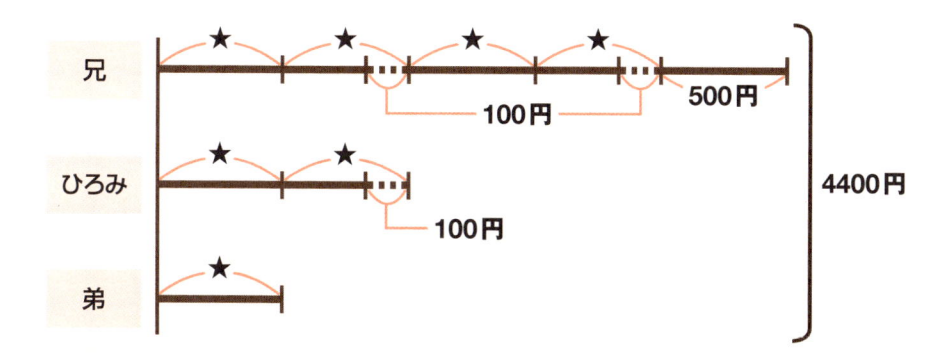

★だけにして計算すると、弟の金額は
★×7＝4400－500＋100
　　　＋100＋100

★＝4200÷7＝600
となります。ひろみの金額は
　600×2－100＝1100
になります。

答えのページ

練習問題13　答え：12分後

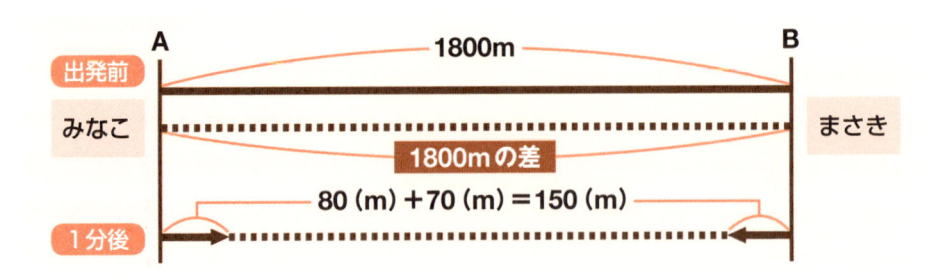

```
出発前:  A ────── 1800m ────── B
みなこ ←→ まさき
         1800mの差
1分後:   80(m) + 70(m) = 150(m)
```

1分間でちぢまるきょりは150mなので、2人が出会うのは出発してから

$1800 \div 150 = 12$

になります。

練習問題14　答え：3km

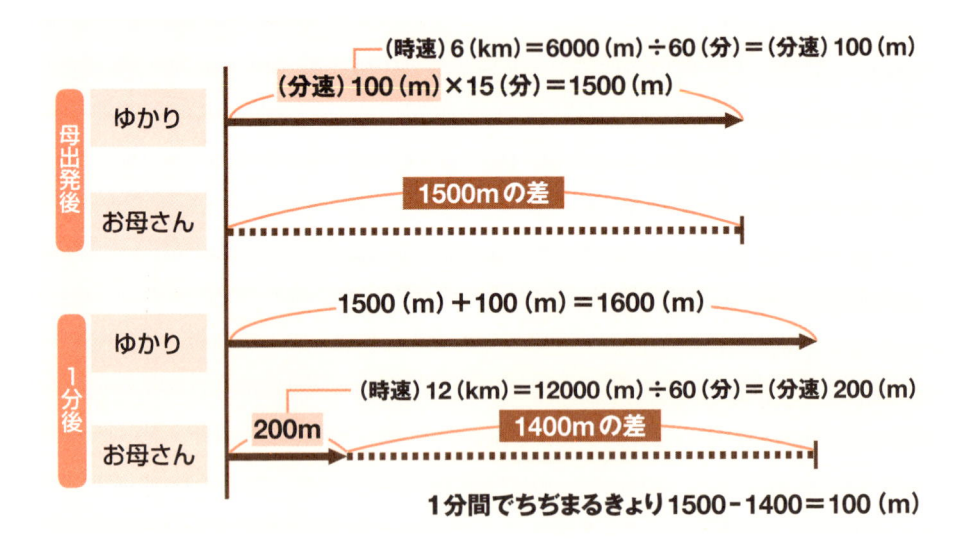

母出発後:
- ゆかり：（時速）6(km)＝6000(m)÷60(分)＝（分速）100(m)
  （分速）100(m)×15(分)＝1500(m)
- お母さん：1500mの差

1分後:
- ゆかり：1500(m)＋100(m)＝1600(m)
- お母さん：200m　（時速）12(km)＝12000(m)÷60(分)＝（分速）200(m)
  1400mの差

1分間でちぢまるきょり 1500－1400＝100(m)

1分間でちぢまるきょりは100mなので、お母さんがゆかりに追いつくのは
$1500 \div 100 = 15$
で、15分後です。分速200mで15分後に追いつくので、家から出発して、
$200 \times 15 = 3000$ → 3km
の地点で追いつきます。

練習問題 15　答え：4.8km

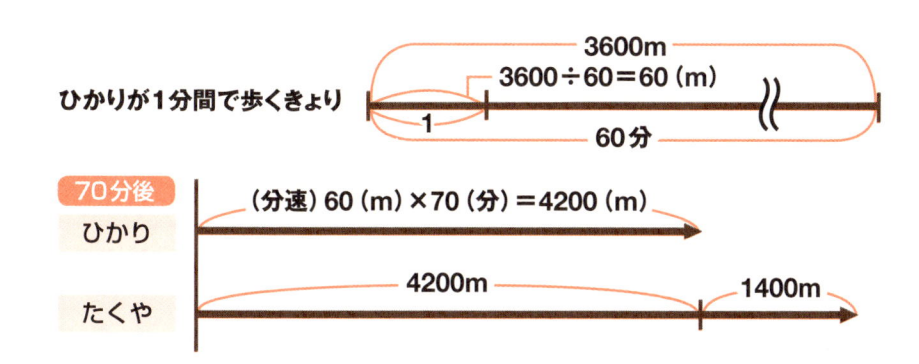

ひかりが1分間で歩くきょり
- 3600m
- 3600÷60＝60 (m)
- 60分

70分後
- ひかり：(分速) 60 (m) ×70 (分) ＝4200 (m)
- たくや：4200m ＋ 1400m

たくやはひかりより、70分で1400m多く進んでいるので、1分間に進むきょりの差は
1400÷70＝20　→20m
で、1時間に進むきょりの差は

20×60＝1200　→1.2km
になります。たくやの歩く速さは、ひかりの歩く速さに時速1.2kmを足して時速4.8kmです。

練習問題 16　答え：時速8km

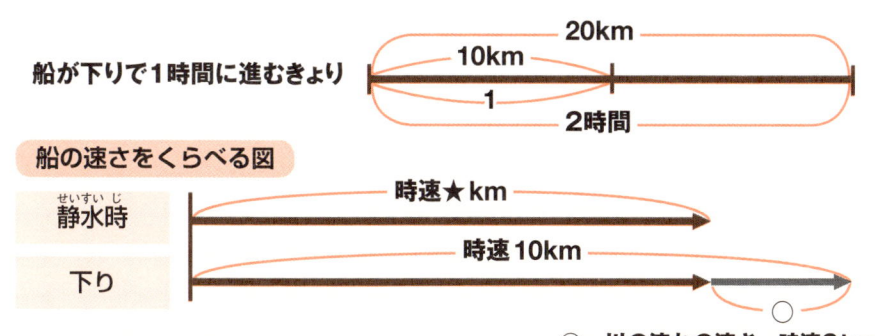

船が下りで1時間に進むきょり
- 20km
- 10km
- 2時間

船の速さをくらべる図
- 静水時：時速★km
- 下り：時速10km
- ○…川の流れの速さ　時速2km

図から下りの速さは
　20÷2＝10　→時速10km
です。静水時の時速は、下りの速さから川の流れの速さを引いて、
　★＝10－2＝8　→時速8km
になります。

答えのページ

練習問題 17 答え：10時間

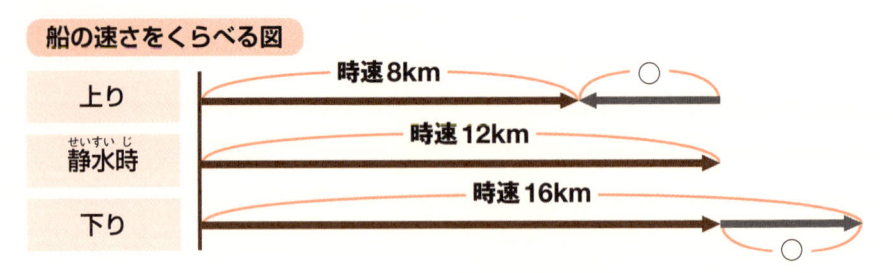

船の速さをくらべる図

- 上り　時速8km
- 静水時（せいすいじ）　時速12km
- 下り　時速16km

○…川の流れの速さ　16−12＝4　時速4km

下りの速さは80÷5で時速16km、川の流れの速さは時速4kmになります。上りの速さは、静水時の速さから川の流れの速さを引いて、時速8kmです。上りにかかる時間は

　80÷8＝10　→10時間

になります。

練習問題 18 答え：静水時 時速9km、川の流れ 時速3km

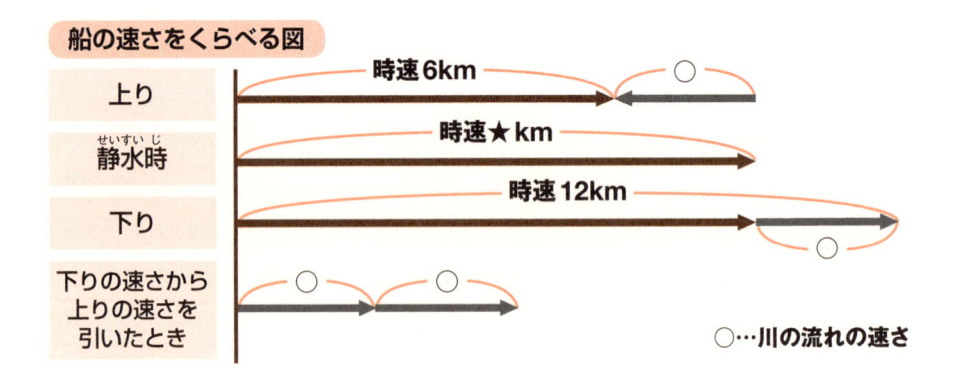

船の速さをくらべる図

- 上り　時速6km
- 静水時　時速★km
- 下り　時速12km
- 下りの速さから上りの速さを引いたとき

○…川の流れの速さ

上りと下りの速さは、それぞれ
　上り　36÷6＝6　→時速6km
　下り　36÷3＝12　→時速12km
になります。川の流れの速さは
　（12−6）÷2＝3　→時速3km

です。静水時の速さは、上りの速さに川の流れの速さを足すので、
　★＝6＋3＝9　→時速9km
となります。

練習問題19　答え：4時間後

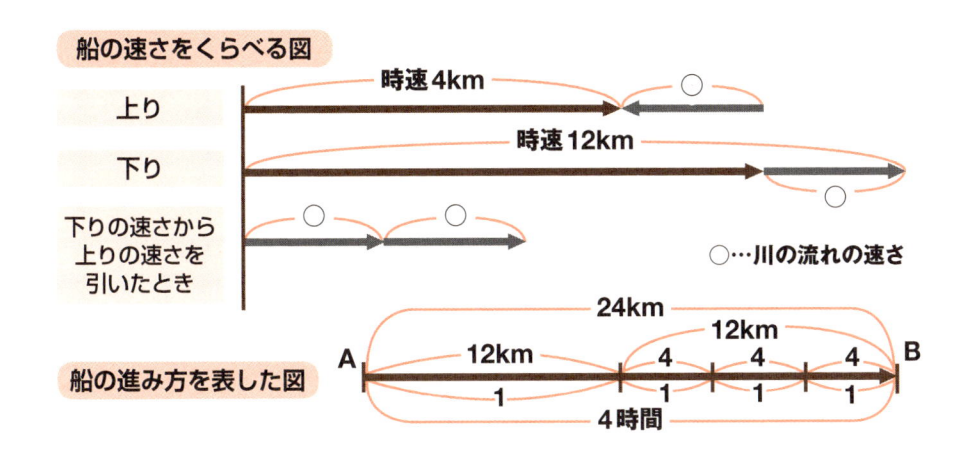

船の速さをくらべる図

上り　時速4km
下り　時速12km
下りの速さから上りの速さを引いたとき

○…川の流れの速さ

船の進み方を表した図

A〜B間 24km、12km+12km、4+4+4、1+1+1+1、4時間

行くときにかかる時間から、A地点からB地点に行くのが下りで、B地点からA地点に行くのが上りとわかります。上りと下りの速さは、それぞれ
　上り　24÷6＝4　→時速4km
　下り　24÷2＝12　→時速12km
になります。川の流れの速さは

（12－4）÷2＝4　→時速4km
です。故障したあとB地点にいくまでに、
　12÷4＝3
で3時間かかります。A地点を出発してから、4時間後にB地点に着きます。

練習問題20　答え：100m

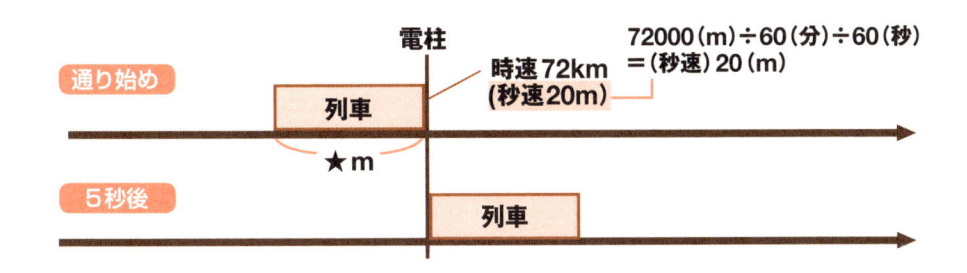

通り始め：電柱、列車、時速72km（秒速20m）、★m
5秒後：列車

72000(m)÷60(分)÷60(秒)＝(秒速)20(m)

電柱を通りすぎるのに5秒かかることから、

5×20＝100
で、列車の長さは100mです。

答えのページ

練習問題21　答え：1060m

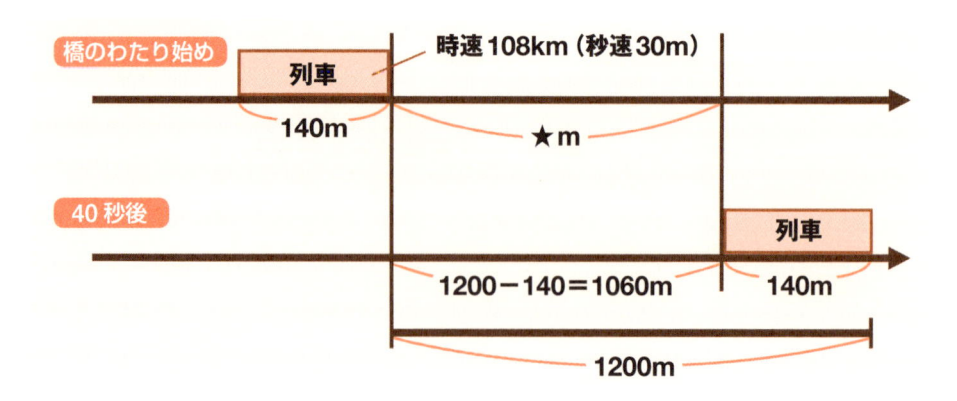

橋のわたり始め　時速108km（秒速30m）
列車　140m　★m

40秒後
1200－140＝1060m　140m
1200m

橋を通りすぎるのに必要なきょりは
30×40＝1200

です。ここから、列車の長さを引くと橋の長さがわかります。

練習問題22　答え：9秒

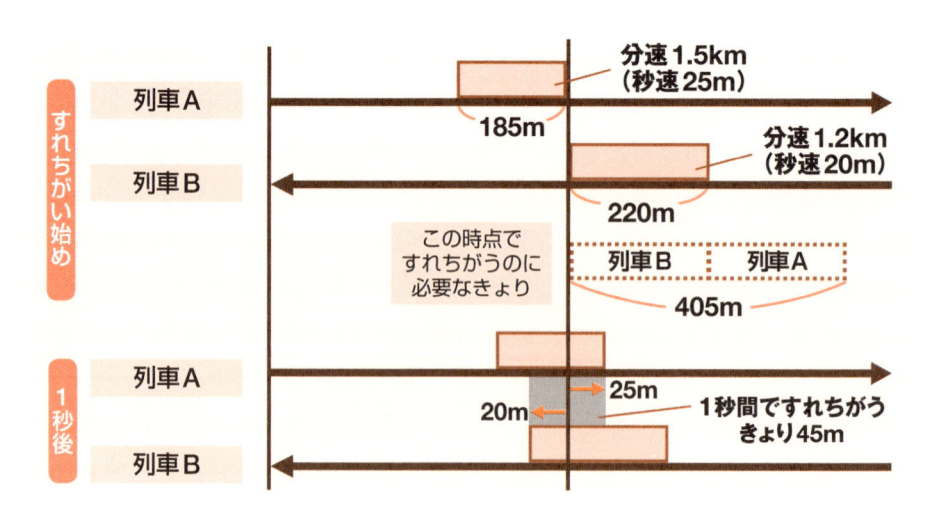

すれちがい始め
列車A　分速1.5km（秒速25m）　185m
列車B　分速1.2km（秒速20m）　220m

この時点ですれちがうのに必要なきょり
列車B　列車A
405m

1秒後
列車A　25m
20m　1秒間ですれちがうきょり45m
列車B

1秒間ですれちがうきょり（25＋20）mで、すれちがうのに必要なきょりをわると

405÷45＝9
になります。

練習問題 23　答え：時速126km

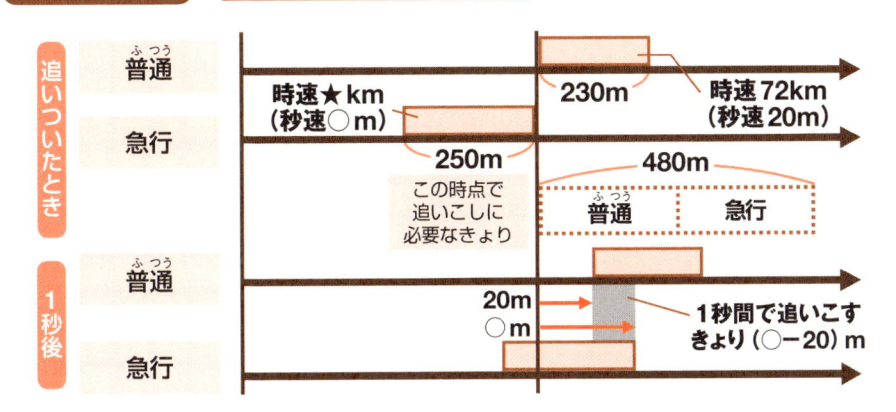

追いついたとき
- 普通　時速★km（秒速○m）　230m　時速72km（秒速20m）
- 急行　250m　この時点で追いこしに必要なきょり　480m　普通　急行

1秒後
- 普通　20m○m　1秒間で追いこすきょり（○−20）m
- 急行

1秒間で追いこすきょりで、追いこしに必要なきょりをわると、急行列車の秒速は

480÷(○−20)＝32

○−20＝480÷32

○＝15＋20

○＝35　→秒速35m

になります。秒速を時速に直すと、

35×60×60＝126000（m）

です。

練習問題 24　答え：12日間

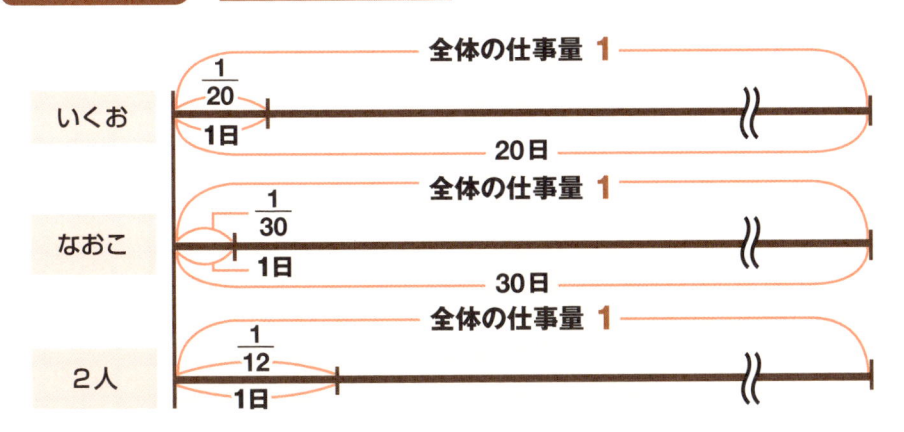

いくお　$\frac{1}{20}$　1日　全体の仕事量 1　20日

なおこ　$\frac{1}{30}$　1日　全体の仕事量 1　30日

2人　$\frac{1}{12}$　1日　全体の仕事量 1

2人で1日にできる仕事量は

$\frac{1}{20}+\frac{1}{30}=\frac{1}{12}$

です。これで、全体の仕事量を

わると

$1\div\frac{1}{12}=12$

になります。

答えのページ

練習問題25 答え：45分

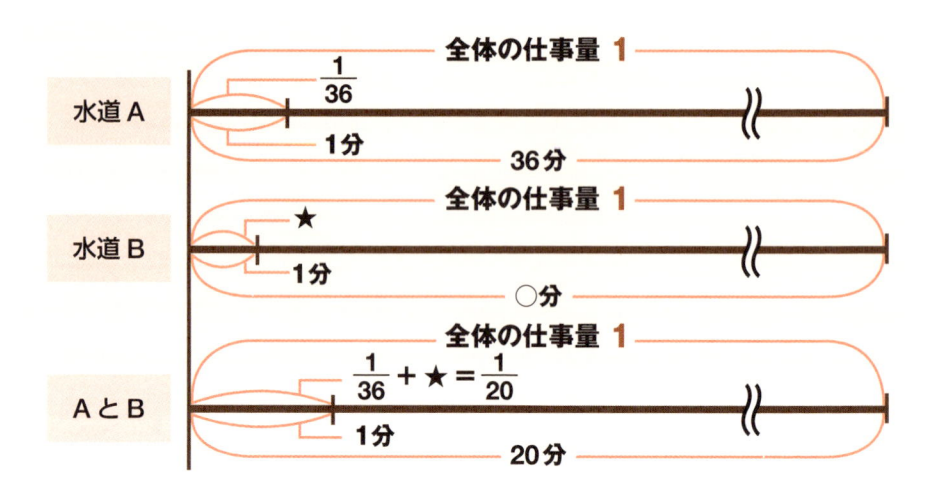

[図：水道A、水道B、AとB の仕事量の図]
- 水道A：全体の仕事量1、$\frac{1}{36}$／1分、36分
- 水道B：全体の仕事量1、★／1分、○分
- AとB：全体の仕事量1、$\frac{1}{36} + ★ = \frac{1}{20}$／1分、20分

2つの水道で1分間にできる仕事量から、水道Aの1分間の仕事量を引くと、水道Bの1分間の仕事量は、
$★ = \frac{1}{20} - \frac{1}{36} = \frac{1}{45}$
です。
Bの水道だけで入れると、
$○ = 1 ÷ \frac{1}{45} = 45$
になります。

練習問題26 3時間12分

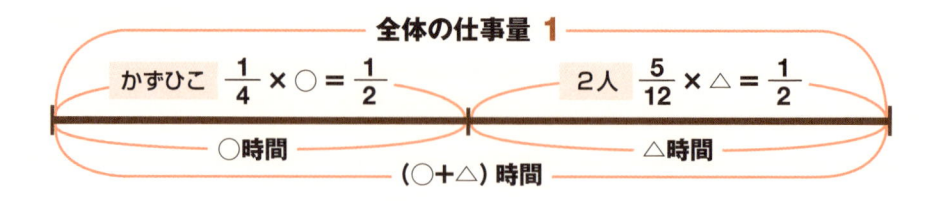

[図：かずひこ $\frac{1}{4} × ○ = \frac{1}{2}$（○時間）、2人 $\frac{5}{12} × △ = \frac{1}{2}$（△時間）、全体の仕事量1、(○+△)時間]

かずひこの1時間の仕事量、はるみの1時間の仕事量、2人で1時間にできる仕事量は、それぞれ$\frac{1}{4}$、$\frac{1}{6}$、$\frac{5}{12}$です。かずひこだけで仕事した時間を○、2人で仕事をした時間を△にしたとき、それぞれの時間は

$○ = \frac{1}{2} × 4 = 2$
$△ = \frac{1}{2} ÷ \frac{5}{12} = \frac{1}{2} × \frac{12}{5} = 1\frac{1}{5}$
全部合わせて、$3\frac{1}{5}$時間になります。
$\frac{1}{5}$時間とは、60分の$\frac{1}{5}$ということなので、$60 × \frac{1}{5} = 12$
で12分とわかります。

練習問題27 答え：5日

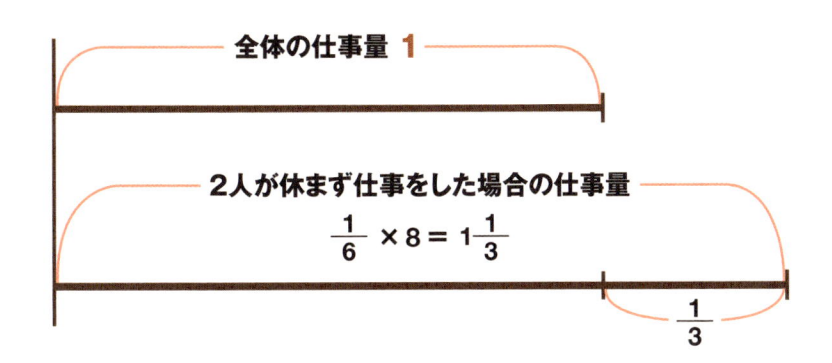

全体の仕事量 1

2人が休まず仕事をした場合の仕事量
$\frac{1}{6} \times 8 = 1\frac{1}{3}$

$\frac{1}{3}$

あきらの1日の仕事量、しろうの1日の仕事量、2人で1日にできる仕事量は、それぞれ $\frac{1}{10}$、$\frac{1}{15}$、$\frac{1}{6}$ になります。2人が休まずに仕事をしたときの仕事量は、$1\frac{1}{3}$ になり、全体の仕事量より $\frac{1}{3}$ 多くなります。この $\frac{1}{3}$ が、しろうが休んだためにできなかった仕事量になります。$\frac{1}{3}$ を、しろうの1日の仕事量 $\frac{1}{15}$ でわると
$\frac{1}{3} \div \frac{1}{15} = \frac{1}{3} \times \frac{15}{1} = 5$
で、5日休んだとわかります。

....

練習問題28 答え：141g

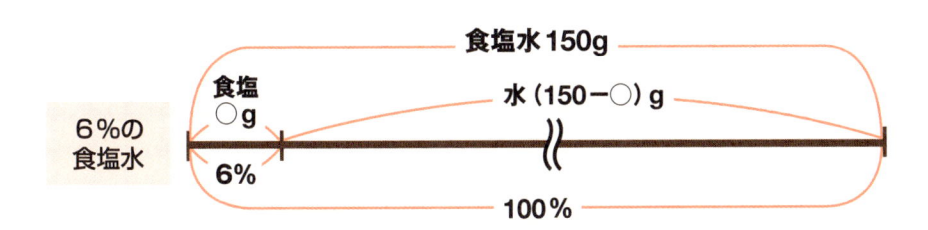

6%の食塩水

食塩水 150g
食塩 ○g
水 (150－○) g
6%
100%

とけている食塩の量は、
○＝150×6（％）
　＝150×0.06＝9

で9gです。水の量は、食塩水全体の量から食塩の量を引くとわかります。

答えのページ

練習問題29 答え：200g

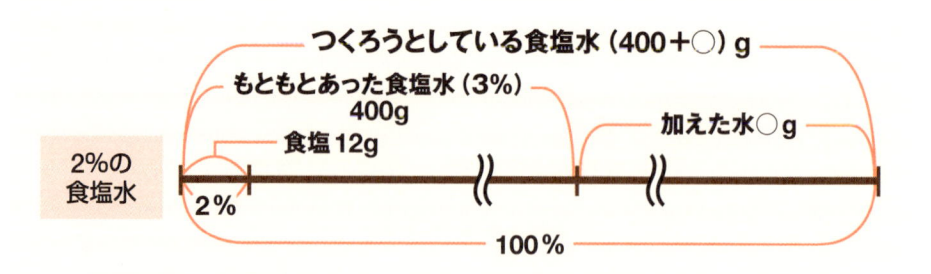

```
                つくろうとしている食塩水 (400+○) g
        もともとあった食塩水 (3%)
              400g                    加えた水○g
         食塩12g
2%の
食塩水   2%
                       100%
```

もともとあった食塩水にとけている食塩の量は、
　400×3(%)＝400×0.03＝12
で12gです。加えた水の量はわからないので、○gとして考えると、

(400＋○)×0.02＝12
　　400＋○＝12÷0.02
　　　　○＝600－400
　　　　○＝200

になります。

練習問題30 答え：40g

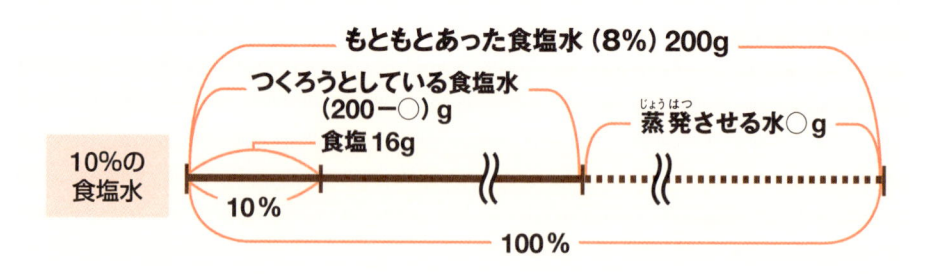

```
              もともとあった食塩水 (8%) 200g
        つくろうとしている食塩水
             (200－○) g              蒸発させる水○g
         食塩16g
10%の
食塩水   10%
                       100%
```

もともとあった食塩水にとけている食塩の量は、
　200×8(%)＝200×0.08＝16
で16gです。蒸発させる水の量はわからないので、○gとして考えると、

(200－○)×0.1＝16
　　200－○＝16÷0.1
　　200－○＝160
　　　　○＝200－160
　　　　○＝40

になります。

練習問題31 答え：5％

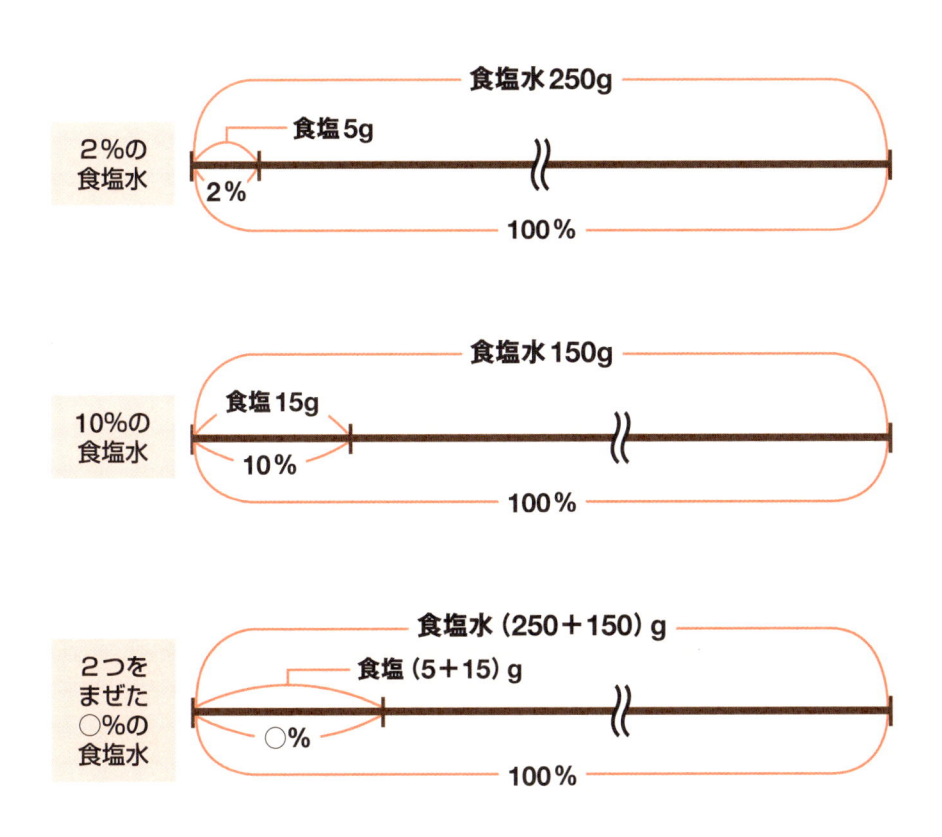

2％の食塩水
- 食塩水 250g
- 食塩 5g
- 2％
- 100％

10％の食塩水
- 食塩水 150g
- 食塩 15g
- 10％
- 100％

2つをまぜた○％の食塩水
- 食塩水 (250＋150) g
- 食塩 (5＋15) g
- ○％
- 100％

2％、10％のそれぞれの食塩水にとけている塩の量は
　250×2(％)＝250×0.02＝5
　150×10(％)＝150×0.1 ＝15
です。2つまぜたときの食塩水の濃度を○として考えると、

(250＋150)×○＝5＋15
　　400×○＝20
　　　　○＝20÷400
　　　　○＝0.05

で、％に直すと5％になります。

監修者

宮本哲也（みやもと・てつや）

1959年、大阪生まれ。早稲田大学第一文学部演劇学科卒業。1993年、宮本算数教室を設立。「生きる力としての学力を身につければ、そのささやかな副産物として、入試の合格が得られる」と独自のスキル（無手勝流＝指導なき指導、The art of teaching without teaching）により、無試験先着順の教室ながら、最終在籍生徒の80％以上が首都圏の最難関校に進学するという驚異の実績をあげている。2015年、教室を日本橋からマンハッタンに移転。

本文デザイン／BUENOdesign
マンガ／青木健太郎（第8章）、鹿野 誠（第4章、第9章）、グビグビー清水（第1章、第5章）、つぼいひろき（第2章、第7章）、原ペコリ（第3章、第6章）
本文イラスト／がみ
編集協力／株式会社 童夢
校正協力／宇留野ひとみ

本書に関するお問い合わせ、ご質問は書名、該当ページを明記の上、書面またはFAX（03-3235-6672）にて、当社編集部宛てにお送りください。

マンガで楽しくわかる！
算数 つるかめ算

監修者　宮本哲也
発行者　池田　豊
印刷所　株式会社光邦
製本所　株式会社光邦
発行所　株式会社池田書店
　　　　〒162-0851
　　　　東京都新宿区弁天町43番地
　　　　電話　03-3267-6821（代）
　　　　振替　00120-9-60072

落丁・乱丁はお取り替えいたします。
©K.K. Ikeda Shoten 2016, Printed in Japan
ISBN978-4-262-15488-6

本書のコピー、スキャン、デジタル化等の無断複製は著作権法上での例外を除き禁じられています。
本書を代行業者等の第三者に依頼してスキャンやデジタル化することは、たとえ個人や家庭内での利用でも著作権法違反です。